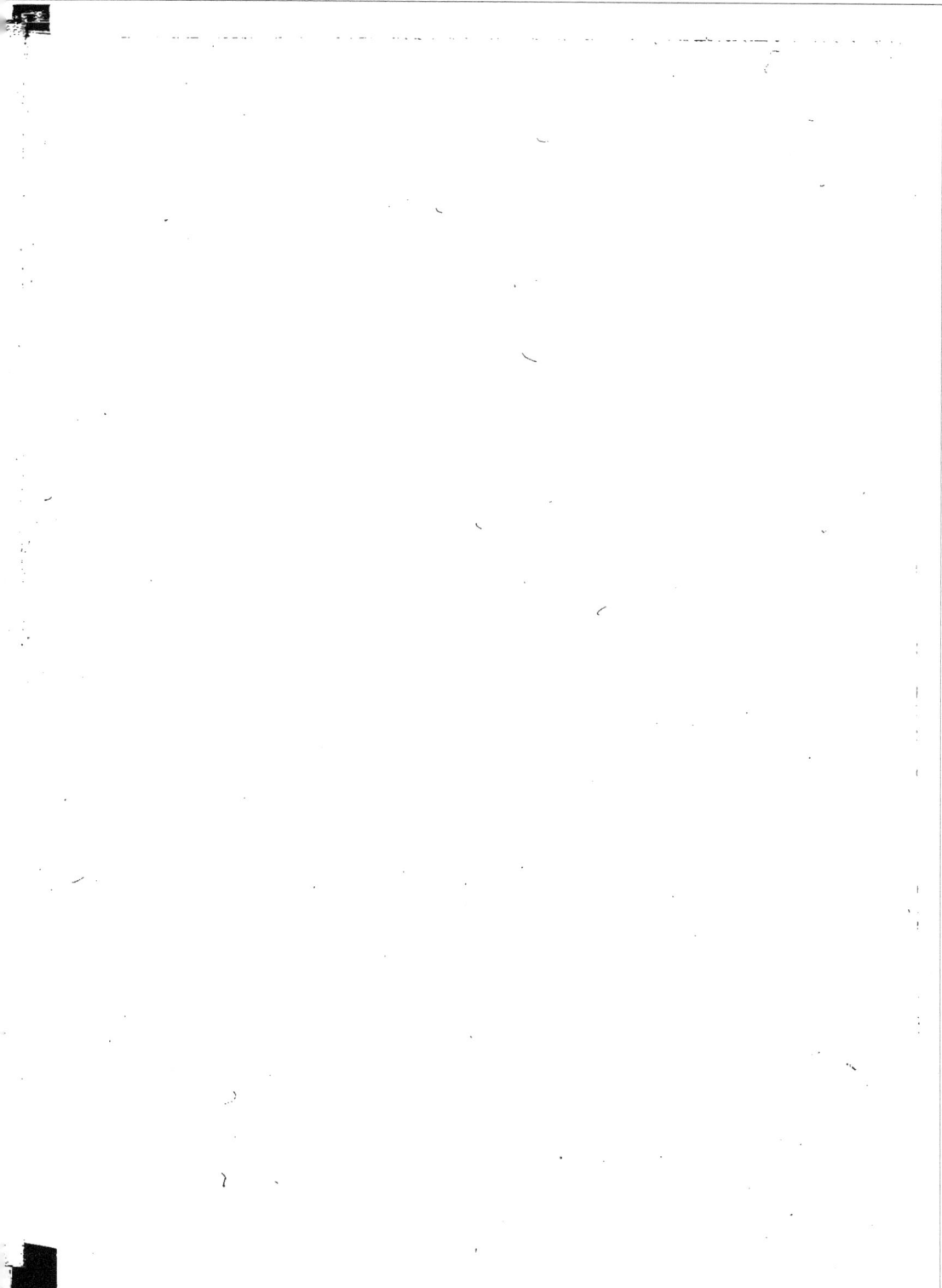

EPISTRE

APOLOGETIQVE

POVR

LE DISCOVRS DE L'ORIGINE
DES ARMES.

Contre quelques Lettres de Me C. F. Meneſtrier.

Cy-deuant Profeſſeur d'Eloquence, & maintenant
Eſtudiant en Theologie à Lyon.

Par C. L. L. A. P. de l'Iſle Barb

Fautes à corriger.

Page 2. ligne 26. Et aux autres semblables. lisez Et autres semblables.

pag. 7. lig. 12. Mais de touts les plus belles ; lisez de toutes les plus

pag. 8. lig. 12. qu'ils ne vendissent. lisez qu'ils n'en vendissent.

pag. 16. lig. 32. teint en sang. lisez teint du sang.

pag. 16. lig. 31. pieces de la palissade de la garde. lisez. Et de la garde.

pag. 33. lig. 19. Phoceon. lisez Phocion.

pag. 34. lig. 13. par vos propos escrits. lisez par vos propres.

pag. 40. lig. 1. ἀντειπειν lisez μετὶ ἱπᾶν

La mesme lig. 19. il n'est veritable que les Armoiries. lisez que toutes les Armoiries.

pag. 49. lig. 32. les la Faye. lisez les Manuel Sieurs de la Faye

pag. 56. lig. penult dans le combats. lisez dans les combats.

pag. 93. lig. 21. si les Archeuesques doiuent. lisez si les Archeuesques dis-je.

pag. 94. lig. 32. de qui se passe. lisez de ce qui se passe.

pag. 95. lig. 21. ainsi d'Edouart de la Biehe. lisez ains d'Edouart.

pag. 98. lig. 11. & 12. ils ont aussi des Clauiers. lisez ils ont aussi des Clauaires.

pag. 104. lig. 10. du effects des caprice. lisez des effects du caprice.

pag. 116. lig. 3. en Latin *Cerasus*. lisez du Latin *Cerasus*.

La mesme lig. 21. toutes les 75. langues lisez 72.

pag. 117. 25. de ce fiel envenimé vn temps. lisez en vn temps.

pag. derniere lig. 7. τὸ πᾶν ἱερὸν lisez τοιοῦτον.

A L'ISLE BARBE.

MONSIEVR

MLe temps s'écoule, & ie ne vois ny les
signes de voftre refipifcence que vos amis
me faifoient efperer, ny ces montagnes d'ob-
feruations, dont vous menaciez mes Origines. C'eft ce qui m'o-
blige de donner au public la refponfe à voftre Lettre du 8.
Octobre, qui fera telle, qu'en fatisfaifant à celle cy & à quelqu'autres que i'ay receües depuis de voftre part, vous n'aurez
pas fuiet de fouhaitter mes reflexions fur voftre Liure, qui ne
laifferont pas de venir en leur temps.

Vous m'aduertiffez en premier lieu de ne me point feruir
d'armes empoifonnées ; ie vous en fçay fort bon gré ; mais vous
deuiez le premier mettre cet aduis en practique, & vous n'eftes
pas iufte de me vouloir obliger à la retenuë, apres vous eftre
emporté de gayeté de cœur, & d'vne maniere fi defobligeante,
que vous en auez eu honte. En effect vous vous eftes mis en
quelque deuoir de reparer ce traict de petulance dont vous me
parlez, & qui n'a pas laiffé de venir iufques à moy. Mais outre
que vous n'auez fait que ce que vous deuiez, vous l'auez fait de
fi mauuaife grace, que ie ne fçaurois en eftre fatisfait. Et il y a
bien de l'apparence qu'en tout cecy vous auez pluftoft fuiuy le
iugement d'autruy, que le voftre propre, puifque vous en té-
moignez quelque forte de defplaifir, & me faites menacer de

A

le reſtablir dans la ſuite de voſtre ouurage. Au fonds cette riſee
eſtoit neceſſaire pour l'inſtruction de voſtre lecteur ou non. Si le
premier, pourquoy l'oſtics vous. Et ſi au contraire elle ne ſer-
uoit que pour donner iour à voſtre paſſion, à quel propos me
menaſſer de faire reuiure, ceſte ſaillie d'eſprit que vous ou vos
amis n'auez peu ſouffrir tant elle eſtoit inſolente. Vous voyez
donc bien que vous eſtes doublement aggreſſeur, ce qu'eſtant
ainſi, vous auez raiſon de vous plaindre qu'on vous traite de
Paladin. Vous ne l'eſtes nullement, & ſi vous entendiez ce noble meſtier, dont vous parlez comme vn clerc d'armes, vous
ſçauriez qu'ayant eſté prouoqué gratuitement, ce n'eſt pas à
vous à me preſcrire la maniere dont ie dois agir, pour tirer
raiſon de vos inſultes.

Mais tout cecy n'eſt qu'vne formalité, qui vous ſeroit ay-
ſement pardonnée, ſi vous ne pechiez és choſes plus eſſentiel-
les. Vous me reprochez d'auoir leu les Romans, ce que ie ne deſ-
aduoüe pas, cette lecture eſt plus neceſſaire que vous ne croyez
pour le meſtier que vous auez entrepris, & entre les belles con-
noiſſaces que i'en ay tirées, vous obſeruerez celle cy. Que ces Pa-
ladins à qui vous voules tant de mal, ſont toûjours modeſtes, ci-
uils, courtois, & obligeants au dernier point. S'il eſt queſtion de
ſe battre, ils vont au coups comme aux nopces, & ils y frappent
en lyons : dans les occaſions furieux comme tigres, & hors
de là doux comme demoiſelles, ils ne menacent iamais, ou
rarement, mais ils frappent en deſeſperez, ils laiſſent les brauades aux biſoignes, aux poltrons, aux geants, & aux autres ſemblables coloſſes qu'vne force brutale & deſtituée de côſeil n'a
ſceu garentir de leurs mains, quand ils en ſont venus aux priſes.

Ie me deſdis donc Monſieur, vous n'eſtes rien moins que
Paladin, vous tenez trop du Rodomont, & du Capitan de la co-
medie, cela ſe voit en toutes les pages de voſtre liure farcies
d'erreurs & de vanitez inſupportables, la lettre de voſtre petit
Officier eſt de ce me meſme ſtyle, ou vous me menacez de me
combatre en ſix langues, & enfin voſtre derniere du huict⁰; car ie
vous tiens autheur de l'vne & de l'autre, ou parce que vous me
voyez

voyez intrepide, vous enflez voftre ftyle, & groffiffez vos trou-
pes du fecours de l'Anglois & de l'Aleman, comme fi les voix
confufes de toutes ces nations eftoiét capables de me faire peur;
certes Monfieur vous me faictes beaucoup d'honneur, & fi vous
y prenez garde,ce grand appareil de langues dont vous me faite
monftre, ce commerce que vous aues dans toutes les Prouinces,
cette riche Bibliotheque qui eft à la porte de voftre chambre,
cette vaine oftentation de credit & d'amis,tout cela dis-ie paffera bien plûtoft pour vn adueu de foibleffe & d'impuiffance,
que pour vn argument de valeur, & de generofité quand toutes ces chofes feroient à voftre difpofition dont quelqu'vn pourroit douter, & peut eftre auec raifon.

Mais fuppofons qu'il foit ainfi, dites-moy ie vous prie, dequoy vous feruira tout ce bel-equippage, & tout ce grand atti-
rail, fi vous n'auez l'addreffe de vous en ayder?Il eft vray, ie vois
la cuiraffe d'Hercule, mais vous n'eftes qu'vn Pygmee,vous me
montrez les armes d'Achilles,mais il eft aifé à connoiftre qu'elles ne font pas à voftre vfage. Ie vous ay veu dans la lice & i'ay
ry de bon courage de vous voir efcrimer comme l'on dit en voftre claffe, *Andabatarum more*, ou pour me faire mieux entendre en veritable eftourdy. En effect Monfieur c'eft voftre iufte
caractere, & la marque la plus certaine de tous vos ouurages,
voftre liure, vos vers, voftre profe, vos lettres font toutes marquées à ce coin, & iufques à cefte derniere eftudiée trois mois
entiers, ou vous prenez Tubal-Cain, pous Iubal,vn Roy d'Efpagne pour vn Roy d'Aragon, vn Roy de France pour vn Roy
de Sicile,fans mettre en ligne de compte le Roy des Meneftriers
que vous n'auez point veu fur l'eftat de la maifon du Roy, quoy
que vous difiez,ces Animaux n'ont iamais paru en noftre cour,fi
bien en celle du Royaume de Logre du temps du bon Roy Arthus & des Cheualiers de la Table ronde.

Mais pour retourner à noftre propos,ie riois de vos menaces
& des artifices dont vous vous eftes ferui pour m'intimider, &
cognoiffois bien que vous n'auiez pas enuie de mordre, puifque
vous jappiez de fi loing.Mais ie vous confeffe que i'ay efté extra-

A 2

ordinairement furpris quand apres toutes ces rufes,& toutes ces
fanfaronades, le bruit d'vne fouris, pour ainfi dire, & le bran-
le d'vne feuille vous ont faict tranfir de peur & tomber les Armes des mains. Et quoy qu'y a t'il donc ? la preffe de V. roule &
pour cela faloit il tant apprehender ? eftes vous de l'humeur de
ce Prince qui cherchoit la guerre en temps de paix,& la paix en
temps de guerre ? Ne fçauiez vous pas que qui feme du vent,
moiffonne de l'orage? He Monfieur, ou eft ce courage? que font
deuenües ces brauades, & ces railleries, certes Monfieur vous
me donnez bien de l'aduantage, i'eftois en peyne de perfuader
à mes amis que vous n'eftiez qu'vn efpouuentail de cheneuiere,
ou pour vous traicter plus conformement à voftre humeur hau-
taine & altiere, qu'vn de ces Dieux de bois qu'on mettoit dans
les iardins pour faire peur aux petits oyfeaux, & pour me tirer
de peyne, vous m'en fourniffez vne declaration autentique.

Non,non,ie me flatte, vous ne vous rendez pas fi toft, vous
propofez feulement vne treue, & vfant d'vne comparaifon tirée
de l'artillerie, auec laquelle vous fymbolifez fort, car à ce que
difent les gens du meftier, elle faict toufiours plus de bruit, que
d'effect, & plus de peur, que de mal, *Vous me priez de furfeoir la
groffe batterie, iufques à ce que vos Bouleuards foient mieux forti-
fiez*, c'eft à dire en bon François que vous ayez, en quelque maniere caché, ou reparé vos manquements. Vn Fanfaron infulte-
roit icy, & profitant de voftre confternation, vous mettroit le
pied fur la gorge, il vous defpoüilleroit tout nud & feroit voir
vôtre turpitude à toute la terre. Mais de ce cofté vous n'auez riẽ
à craindre, ie ne fuis pas fi malin,& quand vous auriez efté cent
fois plus brufque, & plus emporté, fi vous vous corrigez, comme vous me le faictes efperer, vous eftes efchappé. Faictes le
donc, ie vous prie, & de la bonne maniere, & ne trauaillés pas
tant à reparer les defordres de voftre liure, qui fe peuuent guarir
auec vn fagot d'vn fol, que vous ne penfiés vn peu à la correction de vos meurs & fur tout de ce faft infuportable, qui eft
la fource fatalle de tous vos maux.

I'ay pris garde entr'-autre chofe que vous faictes vanité de
vos

vos voyages ; mais tous les voyageurs ne sont pas des Vlysses, & aux marchandises que vous auez rapportées des pays estrangers, on peut dire de vos courses selon la proprieté de nostre langue, que vous auez beaucoup erré, & fort peu voyagé. Vous vous vantez aussi d'auoir employé dix ans à la lecture de l'histoire, & c'est vne chose deplorable, que cette longue application ne nous ait produit que des Anachronismes, metamorphoses, & suppositions perpetuelles de temps, de lieux, & de personnes. Chose fâcheuse certes à ceux qui vont le chemin ordinaire, & qui trauaillent sans interest, pour l'vtilité publique, honteuse au contraire, odieuse & intolerable, en ceux qui se piquent de tout sçauoir, & qui s'ingerent de reformer les desordres d'autruy sans y estre appellez.

C'est l'aduantage que i'ay sur vous, Monsieur, estant homme, ie ne suis pas impeccable, ie reconnois franchement mon infirmité, & ne fuis point la censure de mes fautes ; tant s'en faut, i'auray obligation à qui me redressera & à vous mesme, comme i'ay protesté à vostre Libraire auec ordre de vous en défier. Mais vous passerez pour ridicule quant on sçaura que vous auez choppé plus lourdement, & plus frequemment, que ceux à qui vous pretendiez de donner la main, & ce qui est digne du dernier mespris, quand apres vous estre erigé en souuerain de touts les Heraus, & vous estre engagé à la correction des manquemens de tous ces pauurespetits Diables d'Officiers d'armes, qui ont escrit depuis 50.ans, on vous verra reduit à faire la queste, & vous faire recômander aux Prônes, pour auoir des memoires & faire des liures aux depens des veilles & trauaux d'autruy, & de ceux là mesme que vous traitez de Copistes. Comme si sans cette declaratiõ de vostre indigence l'on ne sçauoit pas déja que vous auez raflé sans iugement tout ce qu'il y auoit de bon & de mauuais dans la Colombiere & son Auteur, ie veux dire le M. S. de Grenoble, le P. Monet, Louuan Geliot, & autres, sans conter nos Origines que vous auez fustées, courues & pillées d'vn bout à autre, auec vn succez qui fait pitié à vostre Lecteur.

Apres cela il y a du plaisir d'entendre, qu'on vous ait escrit,

B

que i'ay bec & griffes. Ie vous asseure Monsieur, qu'on s'est
mespris, & ie feray voir par la suitte de ce discoursque ce reproche vous conuient bien mieux qu'à moy: mais en vn autre sens
que vous ne l'entendez. Quoy qu'il en soit, sur cette Chimere
que vous pourriez bien auoir forgée pour me preuenir; vous fabriquez vne response à plaisir. A laquelle ie n'ay autre chose à
dire, sinon que ie desaduoüe tout ce qui vous auroit esté escrit
à cepropos de quelque part que ce soit : Et si vous auiez assez de
candeur pour nous decouurir, d'où vous est venu ce pa-
quet il me seroit aysé de iustifier que celuy qui a pris cette com-
mission, l'a fait de l'abondance du cœur & sans que i'y aye en
rien contribué. Ie n'y vay pas si finement, dont il m'en est mes-
arriué & ie me suis apperceu vn peu trop tard des artifices
d'vn que vous dites auoir esté de mes Amis, & de la malice noire d'vn ieune homme son Camarade & le vostre, qui me presen-
ta vn Catalogue des meilleures familles de vostre Ville pour en
auoir mon sentiment, & de là prendre occasion de me calom-
nier,& me rendre odieux à quantité d'honnestes gens que i'honore comme ie dois & autant que ie le dois.

Pour vous Monsieur, vous estes plus honneste homme. & si
par le passé vous auez faict la guerre en *Sinon*, vous paroisses aujourd'huy en *Diomede* ou plustost en *Glaucus*. En effect vous
commences a leuer la teste. Vous auez donné vostre nom qui est
gaillard, vostre quartier qui est fameux, & vostre ruë qui est
illustre en toutes manieres. Vous croyez bien pourtant que ie ne
parle pas a bon escient, & la dessus vous prenes occasion de cri-
minaliser vne raillerie bien plus innocente que les vostres. Mais
en cela vous estes trop delicat : prenez la peine de voir la response
a vostre libraire, & vous trouueres que ie nay voulu dire autre
chose sinon que vous esties nay, *Veruecum in patria crassoque
sub aëre.*

Vous estes Lyonnois & sçauant, & en cette qualité vous ne
pouuez ignorer ce qu'vn citoyen de Rauenne escriuoit autre fois
de vos broüillards au docte *Sidonius* vostre compatriote,tant y a
que c'est a ces Broüillards que ie me prens & non à vous. C'est a

ces

ces vapeurs qui s'éleuent du fang de tant de beftes tuées en voftre quartier, & a cet air impur & groffier que iay attribué la ru-
deffe de voftre ftyle & la baffeffe de vos expreffions qui vous
font tellement naturelles, que le commerce & la conuerfation
de touts ces Doctes qui font a voftre folde, & la Lecture ie ne
dis pas D'HVON DE BOVRDEAVX & D'OBERON ROY DE FAE
RIE, Mais de tous les plus belles, pieces du temps, nont peu
vous ofter l'idiome de la boucherie & le ftyle des Terreaux.

Ie vois bien pourtant que ma fimplicité ne me fert de rien. En
effect vous releuez cefte parole, & m'oppofez d'abord mon *Efclauitude*, qui n'eft pas du bel vfage, au dire de Vaugelas, mais
le mal n'eft pas fi grand, que vous le faictes, & fi vous auiez bien
eftudié les remarques de cet Auteur, qui n'eftoit pas nay François, comme vous fçauez, vous auries apris que Malherbe reçoit ce qu'il condamne. Et vous fçauez d'ailleurs, qu'on fe gou-
uerne tout autrement en l'Academie que dans les Tribunaux de
la Iuftice ordinaire. Icy l'on cofite les voix, mais là on les pefe,
ce qu'eftant ainfi, ie n'apprehende point le iugement d'vn
eftranger quand i'auray de mon cofté vn Regnicole de la taille
de Malherbe. Et afin que ie vous die franchement ma penfée,
i'ay affecté ce terme. Et fi ie foumettrois de nouueau ma differ-
tation à la cenfure de quelques Iuges plus feueres que le R. P.
Iean Columbi, & feu le P. Finé, i'imiterois le Poëte Ouide, lequel
en pareil cas fe referua certains vers, dont il interdit la connoiffance à fes amis, & à fon exemple i'aurois mis mon *Efclauitude*
fous vne particuliere fauuegarde, afin qu'aucun ny touchaft.

Mais tous cecy n'eft rien. Ie fuis deuenu Colporteur, & vous
me faites vne groffe honte d'auoir couru la ruë Merciere pour
difpofer, à ce que vous dites, de quelques exemplaires de mon Liure, qui me font reftez, apres en auoir donné à tous les curieux
de ma connoiffance, & à quantité de perfonnes de condition de
Paris, de Lyon, Grenoble, Valence, & d'ailleurs, fans parler
de ceux que vos Confreres m'ont fait l'honneur d'accepter &
de m'en remercier. Or à cela i'ay bien des chofes à vous dire:
Premieremét, ie n'en ay fait tirer que cinq cents, & n'en voulois
                                                        mefme

mefme que trois, marque euidente que ie n'ay pas pretendu
d'eftre gros Marchand. Secondement, les Colporteurs vendent
les œuures d'autruy, & non pas les leurs. Or fi c'eft chofe glorieu-
fe de compofer des bons Liures , il fera toûjours honnefte de les
vendre & debiter en gros ou en détail.

Les P. P. des deferts faifoient des fportes, & paniers, non
feulement pour leur vfage , mais encore pour en vendre , & en
tirer la fubfiftence de leurs maifons. Les Religieux Benedictins,
Ciftertiens , Chartreux , & Celeftins difpofent licitement de
tout ce qui fort de leurs fonds, & fans fortir de l'efpece, comme
l'vne de leurs occupations plus ordinaires eftoit de tranfcrire
des liures, il n'eftoit pas inconuenient qu'ils ne vendiffent auffi.
Mais d'achepter pour reuendre, quand ce feroit en gros, rifquer
& negotier d'efpicerie, de perles, & d'or aux Indes, de caftors,&
de pelleteries de toutes fortes en Canada ; c'eft ce qui n'eft
pas permis à ceux qui afpirent à la perfection. Mais de f'abbaiffer
iufques à vn vil , & chetif negoce, comme d'achepter des drogues, compofer des remedes, mefmes des lauements, ie ne veux
pas dire le refte, c'eft ce qui eft extrememement fale, infame & for-
dide, & tellement fale, qu'on ne le croyroit iamais, fi ceux que
vous fçauez nauoient eu procez contre les Apotiquaires de voftre Ville, pour fe maintenir dans ce honteux commerce, Dieu
le permettant ainfi, pour iuftifier le docte, pieux, & genereux
Hipparque, traicté en prophete par ceux qui trouuent honnefte
tout ce qui eft lucratif, de quelque cofté qu'il vienne.

Ie ne penfe pas Monfieur qu'il fe puiffe rien dire de femblable de noftre negoce. I'ay faict les frays de l'impreffion du liure
dont eft queftion, i'ay faict grauer les planches à mes defpens,
ie n'ay point cherché de Mecenas, pour m'ayder à porter ce far-
deau, & i'ay efté blafmé par vn de vos amis, & des miens, comme ie croys d'auoir donné cet ouurage à vne perfonne plus riche
d'honneur, que de biens de la fortune, ie n'ay point profané
cefte piece par le meflange honteux de Blafons roturiers, pour
le rendre plus vendable, comme ont faict tous les voftres , &
vous comme eux. Si i'ay eu befoin de quelques exemples pour

ap

appuyer mes maximes, ie les ay pris de perſones qui ne m'eſtoiēt point connües, & fort ſouuēt de familles eſteintes. Lors que i'ay loüé la vertu, le merite & la nobleſſe de quelques maiſōs eleuées par deſſus le commun, il ne ſe trouuera pas que i'aye pris la botte pour leur aller offrir des preſents captieux & intereſſez. I'ay parlé hautement quant il a eſté queſtion de defendre l'honneur & les loix du Blaſon au hazard de deplaire à des perſonnes de condition eminente; i'ay blâmé les Comtes de Malpaga de la Caſe Martinengüe d'auoir donné la main droite à leur blaſon au preiudice de celuy des COGLIONES, dont le chef eſt *d'azur ſemé de fleurs de Lys d'Or à la bordure de gueules,* quant il eſt biē blaſonné. Mais que fais-ie, imprudent que ie ſuis, ie m'enferre ſans y penſer, & apres auoir bleſſé voſtre veüe, par vn obiect immodeſte, ie me mets au hazard d'offenſer vos chaſtes oreilles d'vn récit licētieux. Il n'importe il faut tout dire, vous m'y contraignez. C'eſt icy que i'ay commis ce grand & enorme crime dont ie ſuis accuſé & qui me reſte à purger.

Il eſt vray que ce Blaſon des COGLIONES originaires de Bergame, & non de Veniſe comme vous auez dit) eſt vn peu eſtrange. Il eſt *couppé d'argent & de gueules à trois paires de Teſticuls de l'vn en l'autre,* en quoy pourtant ie connois bien que ie ne ſerois pas beaucoup criminel de l'auoir expoſé aux yeux de mon Lecteur, s'il auoit eſté buriné par vne perſonne du ſexe, puis qu'il eſt public & commun à Veniſe & à Bergame, & meſme dans les lieux *les plus Saincts.* Mais ces figures ayans eſté grauées, & comme vous auez voulu dire, deſſignées par vne fille, ce qui eſt tresfaux pour ce chef. Vous adioûtez que les impudents font icy vne queſtion atroce, & demandent ſur quel modelle ce blaſon deshonneſte auroit eſté deſſiné? Certes, Monſieur, il faut auoir bien de l'impudence & de la malice pour faire cette queſtion. Mais auparauant que d'y repondre, ie vous ſupplie de vous ſouuenir de ce principe de voſtre profeſſion, Que les choſes atroces, ſont de difficile créance, & ainſi la prudence vous obligeant d'auerer le crime auparauant que l'exagerer; Qui ne voit, que ce pretendu reproche, & cette inſolente queſtion, ne peut eſtre

C

autre chofe qu'vne vapeur peftilente qui s'eft éleuée de la fenti-
ne d'vn cœur corrompu, & peut-eftre du voftre ? Inhumain que
vous eftes, qui ne craignez point de perdre l'honneur d'vne
fille pour venger vos paffions, l'impudence & la malice vous ont
elles fafciné le iugement à ce poinct, de croire qu'on ne puiffe
tirer ces figures, que fur le modelle honteux de voftre imagi-
natiõ? Au fonds qui vous a dit, que ces parties foiét pluftoft d'vn
hõme que d'vn lion, ou de queque autre animal? Mais ie veux que
ce foit ce que voftre malice vous fuggere, dont ie n'ay pourtant
aucune certitude. L'Oracle facré nous apprend, que Dieu a creé
l'homme droit. Il a veu fes œuures, & il a trouué qu'elles eftoient
toutes tres-bonnes, que s'il fi rencontre quelque chofe d'obfce-
ne, il ne procede que du defordre de nos paffions. *Omnia*, dit le
veritablement grand Gaffiodore parlant de ces parties: *Prœconia-
lia creata funt fi peccatis pollentibus non redderentur obfcena.*
Ce qu'eftant ainfi, permettez moy à mon tour de vous pro-
pofer vne queftion, qui fut autrefois faite à nos premier Parents;
dites-moy vn peu, Monfieur, qui faites tant le delicat, qui vous
auroit apris la deshonnefteté, & la vergongne de ces figures, fi
vous n'auiez tâté du fruict defendu?

Monfieur, mon cher Amy, ie fçay plus de vos nouuelles que
vous ne croyez. Vous parlez beaucoup, comme fçauent tous
ceux qui ont l'honneur de vous connoiftre. Ie n'ay point encore
peu apprendre ce que vous eftes iufques à prefent; mais vous
auez dit à quelqu'vn, qui ne vous a pas efte' fidele, que vous n'e-
ftiez point engagé aux Ordres facrez, & ainfi il y a lieu de crain-
dre qu'il ne vous en prenne comme à ces ieunes vefves, dont
parle S. Paul: *Quæ cũ luxuriata fuerint in Chrifto, nubere volunt.*

Au refte ie veux croire tout ce que vous nous dites de ces illuftres Canonniers, dont vous tirez voftre origine, & de qui vous
auez apris cette eloquence foudroyante, & cette valeur qui pour
vfer de vos termes ne *s'explique iamais mieux que par la bouche
des Canons.* Si eft-ce pourtant, que vous eftes Meneftrier, & de
quelque cofté que vous foyez iffu de Ptolomée le flufteur, d'O-
lympe ou de Marfyas, il eft certain, que vous aymez la jonglerie,
&

& ne hayſſez pas la danſe. De la jonglerie vne autrefois, diſons vn' mot de la danſe, qui n'eſt pas ſi fort éloignée de voſtre profeſ- ſion, qu'il ne ſe ſoit trouué des cahiers pour les Eſtats derniere- ment conuoquez, tendants à vous obliger à ioindre à vos exerci- ces la Danſe & le Manege.

Il neſt pas neceſſaire de vous dire de qui ie tiens cette nouuel- le. Mais ſi les eſtats euſſent eu lieu & que cette propoſition eut eſté appuyée, ie ſuis certain que vous n'y auriez pas apporté do reſiſtence. Vous eſtes ſçauant curieux & amateur de l'antiquité ce qui me fait croire qu'outre les danſes communes du païs & des autres prouinces de noſtre France, vous auriez ramené & accommodé à noſtre vſage toutes celles des Anciens. l' ὄρμος des Laconiés a noſtre dance en rond, la TERMASTRIDE à nos cou- rantes, la danſe des Grues, quils appelloient, à la VOLTE, la PYRRICHIENNE, ànos Boutades. Vous n'auriez pas oublié les trois danſes des Bachanalles qu'on pouroit ajuſter a nos Ballets, L'EVMELIE qui eſtoit graue, diſcrete & ſerieuſe, eut eſté bonne pour les perſonnes d'vn âge meur: la SICINE c'eſtoit la ſatyrique vous auroit agrée car vous aymez la ſatyre. Mais la CORDACE valoit mieux que tout cela. Elle eſtoit gaillarde follaſtre, laſciue, & fort conuenable a voſtre humeur enjouée; Celle là cerres eut eſté toute pour vous & quoy que vous diſies de voſtre carac- tere, vous auez toute la mine d'y bien reuſſir, ſi vne fois vous vous y appliquez. Vous eſtes jeune, grand, fort, robuſte, & quarré, vous eſtes plaiſant, aggreable & facetieux: apres quoy ie ne meſ- tōne pas ſi vous auez des penſeés qui ſentent le Caualier, & ſi le bruiĉt a couru que vous deuiez bien toſt ſuiure cette vollée deſ- prits ſublimes, qui nont peu s'aſujettir aux Maximes trop ſeue- res de la compaignie que vous ſçauez.

Mais changeons de propos & parlons de choſe qui vous ſoit plus aggreable. Vous m'appellez aux combat & c'eſt vne plai- ſante hiſtoire que celuy qui n'agueres s'offençoit deſtre traité de Paladin, contrefaſſe auiourdhuy le DOM QVIXOTE ou le Che- uallier errant & cherchant les auentures. En vn mot vous m'in- uitez à toucher vos eſcuts ce que ie n'entens pas bien, car n'eſtāt

pas

pas Gentil-homme vous vsurpez vn meſtier qui ne vous eſt pas
ſeant. I'ay bien pris garde que vous vous ventez de vòs Majeurs
annoblis qui eſt déja vne mauuaiſe affaire, *Quem enim indul-*
gentia principis liberat, notat. Et ce qu'il y a de plus faſcheux eſt
que cet annobliſſement eſt emané d'vn Duc de Bourgoigne que
vous qualifiez ſouuerain de ces Anoblis. Et en cela vous errez
doublement. Car cóme il n'y a qu'vn ſouuerain en France, a parler proprement, auſſi n'y t'a il que ce ſouuerain, qui eſt le Róy,
qui puiſſe Anoblir ſuiuant les Arreſts des Cours ſoüueraines.

Mais quand le Duc de Bourgongne auroit eu ce droiĉt par
conceſſion de nos Roys ou autrement, vous auez degeneré, &
partant vous voylà reduit à la Cartouche par vos propres loix, &
à la marque des Marchands par l'Ordonnance. Et ne deuez porter Eſcuts ny Armoiries. Que ſi par tolerance on vous permet
l'vſage de celles de vos annoblis, comme elles ſont déja ridicu-
les & tres dignes de voſtre Chapitre des REBVS DE PICARDIE,
vous les accompagnerez de meſme. Vous tymbrerez de la baſſine du bon homme, ou ſi bon vous ſemble du mortier a broyer
les eſpices. Si de la Baſſine, vn bras armé tenant la culliere
a ietter ; ſi du mortier, le meſme bras brandiſſant le pilon ou
le piſton comme on parle en voſtre ruë, ſeruira de Cimier.
Pour lambrequins vne douzaine de flambeaux peris en queüe
de Paon faiſant la roüe. Ie ne dis rien du volet, ny des Ordres
de Cheuallerie qui ſe trouueront aiſément dans la boutique
ſans aller plus loin. Pour cry de guerre, *Reſpice finem*, ſans
proüe & ſans poupe Et ainſi adoubé, ie vous verray volontiers
& ne vous craindray guieres. Car comme ie vous ay déja dit,
outre que vous eſtes nouueau au meſtier des armes, & aſſés mal-
ladroit vous eſtes eſtourdy, comme vn hanneton.

Vous brauez pourtant, & comme ſi vous eſtiez auſſi aſſeuré
de vos coups que le fameux MAROLLES, vous dites que vous
m'attaquerez d'abord par la *Cotte d'Armes*, & que vous mon-
trerez que nos Armoiries n'en ont pas eſté tirées, ie ne ſçay pas
ce que vous ferez, mais ie ne crains pas ce coup. Certes ſi vous
n'eſtiez ſi bruſque, vous auriez obſeruè, que ie ne dis pas, que
nos

nos Armoiries doiuent leur origine à la *Cotte d'Armes.* Mais que les couleurs, metaux & pennes & quelqu'vnes de nos figures Armoriales, inconnuës aux Anciens, ont esté tirées des habits de nos Peres; que de là toutes ces choses ont passé aux Escuts, & à la Cotte d'Armes, laquelle en particulier és derniers temps est deuenuë vne des principales Enseignes de nostre Noblesse, comme i'ay prouué par diuers exemples, & en fin c'est à dire, depuis cent cinquante ans l'vnique, en tant qu'elle en a fait le suiet de ses deuises ou emprises Amoureuses & Militaires, qui ont succedé aux Armoiries, comme les Cottes aux Escuts. Apres cela c'est en vain que vous inuoquez le secours de Monsieur de Boissieu. Ce rare esprit a esté edifié sur ce suiect par moy-mesme estant à Grenoble : & depuis par la voye du P. B. qui m'a fait vne partie des questions que vous remettez auiourd'huy sur le tapis, & que ie tâcheray de resoudre auec vous, à la charge que vous en ferez vn meilleur vsage que par le passé.

Ie commence par le terme GVEVLES, qui a tant donné d'exercice à tous les curieux, & dautant que vous m'opposez d'abord l'authorité de mondit Sieur de Boissieu, ie me seruiray des mesmes Armes auec sa permission, & produiray vne de ses lettres du 4 May, 1658. où il me dit en termes exprés : *Vous auez merueilleusement bien rencontré en l'Etymologie du terme, Gueules, estant fort vray semblable, qu'il est deriué du Latin Conchilium, ie fais le mesme, iugement de sable, &c.* qu'estant ainsi, il y a bien de l'apparence que vous imposez à cet illustre personnage, dont les mœurs sont trop sinceres, & le iugement trop solide, pour estre capable d'inconstance, ou de duplicité.

Ie reuiens pourtant de cette opinion, si on m'en donne vne meilleure, & ie la receuray tres volontiers; pouruen que i'y voye du iour, de quelle part qu'elle vienne, quant ce seroit de la nuë de la Lanterne. C'est de ce costé & à la faueur de ces lumieres que ie decouure vostre GHVL diction Turque, qui semble estre plus proche de nostre GVEVLES, que le Latin *Conchilium,* mais la signification en est bien plus esloignée. Et ie vous supplie de vous souuenir de ce que i'ay dit à vn de vos Amis, qui ne vous

D

l'aura pas diſſimulé, qu'il faut chercher les Etymologies de proche en proche, du François au Latin, du Latin au Grec, du
Grec à l'Hebreu, ſinon qu'il y a toûiours beaucoup de danger de
ſauter d'vne extremité à l'autre, ſans paſſer par le milieu. En effet il ſemble que vous ne ſoyez pas pleinement ſatisfait de cette
origine, puis que vous en cherchez vne autre dans les playes
des bleſſez, comme ſi toutes les playes eſtoient neceſſairement
rouges, ce qui n'eſt pas veritable; car vous en reconnoiſſez de
blanches, telles que ſont celles de l'Eſcu de Comminges, comme nous verrons cy-apres. Et partant ie ne vois pas qu'on puiſſe
aſſeoir vn iugement bien ſolide ſur des raiſonnemens ſi variables
& inconſtants.

Vous allez ainſi ſautant de branche en branche, & ne trouuez rien où vous puiſſiez vous arreſter. Ce qui m'oblige de vous
dire mon dernier mot à tous hazards, qui eſt, que ce terme doit
eſtre expliqué, par les lieux citez des Epiſtres de ſainct
Bernard à Henry A. de Sens, & à Foulque Archidiacre de
Langres, outre leſquels i'en ay vn troiſiéme, qui explique les deux premiers, & nous enſeigne ſi nettement la couleur & l'vſage des Fourrures, qu'on appelloit Gueules, qu'il ne
faut plus douter que nos Herauts par Cabale, n'ayent donné ce
nom à la couleur rouge, à cauſe du rapport qu'elle auoit auec ces
Fourrures, leſquelles nos anciens ont nommées Gueules par
Metonymie, parce que les ouuertures ou gueules du collet &
des manches de pourpoint ou tuniques, du temps de ſainct Bernard eſtoient bordées, parées, & ornées de ces fourrures rouges,
qu'il appelle gueules, comme les Dames encor aujourd'huy appellent certains bouts de manches des Poignets, pour cela ſeulement, qu'ils ſe mettent au poignet. Les Herauts en ont vſé
de meſme pour le Sable, & le Sinople, quoy qu'aſſez malheu-
reuſement pour ce dernier. Et ie ſuis contraint d'aduoüer, que
de ce coſté ils ont voulu faire myſtere de leur meſtier. Ce qui
n'eſt pas bien ancien, puis qu'on vſoit encor de vermeil pour
Gueules, de noir pour Sable, & de vert pour Sinople, du temps
de Froiſſart.

Voyla

Voylà, Monſieur, ma derniere penſée, que i'eſtendray quelque iour plus au long. Que ſi elle ne vous contente, peut-eſtre trouueray-ie quelque Lecteur plus fauorable. Et i'oſe dire, que ſi la poſterité me fait iuſtice, elle m'aura obligation de luy auoir le premier rompu la glace pour arriuer à la connoiſſance de ces termes difficiles auſquels conſiſte toute la beauté de l'Art Heraldique. Excuſez, Monſieur, cette brauour; c'eſt de vous que ie la tiens; car comme dit Clement Alexandrin, Ὃς δ' ἵνα πρίσχη τις ἰοχε_ μάχῳ γεωργὸν αὐτὸν ποιήσει.... Κ' ἂν Κεϼϲϳλῳ ὀψόποιον.... Κ' ἂν Αϼχιλάῳ ὀϼχηϼϳϲϳ & le reſte, ainſi Monſieur, en liſant vos eſcrits, i'ay apris à me vanter & à me faire valoir. Quoy qu'il en ſoit Pierre de ſainct Iulien s'eſtoit rebuté d'abord, comme i'ay dit ailleurs. Fauchet promettoit beaucoup, & il n'y auoit perſonne de ſon temps, qui fuſt plus capable de nous apprendre ce ſecret, s'il s'y fuſt employé à bon eſcient. Le tiltre du Liure de Louuan Geliot me donna bien de la joye, & ie croyois d'y trouuer ce que ie cherche encore. Hauteſerre à pluſtoſt veu ce que c'eſt que Gueules, Sable, & Sinople, qu'il ne l'a expliqué. Le reſte eſt demeuré là, & ie crois y auoir apporté quelque lumiere, que vous auez voulu eſtouffer par vn eſprit de jalouſie aſſez indigne d'vne perſonne de voſtre profeſſion. Si toutesfois vous voulez dire la verité, il ſe trouuera que vous liſez en ſecret, comme diſoit ſainct Hieroſme apres Horace, ce que vous blâmez & condamnez en public.

Voſtre ingenieux Amy, vous en auoit montré le chemin, & c'eſt vne choſe plaiſante qu'apres auoir veu mes origines manuſcrites dés le mois de Feurier mil ſix cents cinquante.ſept, il ait eſté chercher les notes ſur Villeharduin, imprimées ſeulement l'année ſuiuante, pour nous apprendre l'Etymologie de l'Hermine, que ie luy auois expliquée de viue voix, & par eſcrit, par les meſmes authoritez que vous auez citées, & Dieu ſçait d'où vous les auez priſes, par vn paſſage de la Chronique de Flandres & l'Analogie de l'Italien Armelino. A quoy ie pouuois adiouſter quantité d'autres paſſages Latins des Eſcriuains, qu'on appelle *medij temporis*.

C'eſt

Ceſt de l'Auteur de ces notes que voſtre Amy croit auoir
apris l'origine de noſtre Sable Armorial quil tire de la ville
qu'on appelle aujourd'huy ZIBELLETTO, ceſt le GIBLET ou GI-
BLOT, de nos Peres & la BYBLOS, des anciens Geographes. Et
en cela il eſt euident que l'vn & l'autre s'eſt meſpris. l'en ay donné la veritable Etymologie dans nos origines ou vous auez veu
que le *Sable*, eſt vn Animal qu'on appelle *Martre*, en France
& *Zable ou Sable* en Alemaigne, & en Ruſſie, dont la peau eſt
tres-noire. le vous en veux donner deux Autoritez pour l'vn &
pour l'autre outres celles que iay apportées. La premiere eſt
D'ALBERT d'Aix qui eſt tres-belle. Il deſcrit l'entreueüe de
l'Empereur de Conſtantinoble & de Godefroy de Buillon, en
ces termes, *Imperator autem tam magnifico Duce viſo eiuſque
ſequacibus in ſplendore & ornatu pretioſarum pellium, tam ex
oſtro quàm auriphrigio, & in niueo opere Armellino & ex* Mar-
drino *griſeoque & vario, quibus Gallorum Principes præcipue
vtuntur.* La ſeconde eſt de Roger de Houdam, Anglois, qui
dit que l'Eueſque de Lincolne deuoit annuellement au Roy
d'Angleterre, *Pallium Sabellinis pelliculatum* : id eſt, fourré de
Sable. Or cette fourrure eſtant noire par excellence comme a
obſerué la Marche, les Heraus par caballe en ont emprunté le
nom, quils ont donné a la couleur noire. Comme ils ont pris
le gueulles, quils ont donné au rouge, des fourrures vermeilles
dont les poignets & collets de pourpoints antiques eſtoient parez & ornez.

Voyla Monſieur l'origine indubitable du terme Sable vſité
en Armoiries & ſa veritable ſignification, car pour le M. S. de
Grenoble qui vous a perſuadé que c'eſtoit vne eſpece de Sablon
ou pouſſiere noire, ie n'en peux dire autre choſe ſinon qu'il
vous à ietté de la poudre aux yeux auec ſon HERMINE POV-
DRE'E DE SABLE, Mais de quel Sable ? de celuy de l'Amphithea-
tre teint du ſang des Gladiateurs? Certes vous n'y penſez pas. Car
quand le ſang ſeroit noir de ſoy, ce qui n'eſt pas (còme vous apprendrez mieux des Medecins que des Poëtes) il eſt euident que
le Sable enſanglanté ſeroit pluſtoſt noirci que noir. Le Pere Monet

net a esté plus fin que vous. Il s'est auisé d'vn certain Sable naturellement noir qui est trespropre pour fourbir les Armes. Mais
ce grand Homme n'a pas pris garde que le Sablon d'Estampes
est aussi blanc que nege qui ne laisse pas neantmoins d'auoir la
mesme proprieté aussi bien que cét autre que ie nay point encore veu.

La suite de ce discours m'oblige de dire vn mot de l'Hermine
Armoiriale, laquelle vous bastissez selon vostre caprice, & vous y
attachez auec tant de violéce que vous ne feignezpoint de cor-
rompre les Liures pour les accommoder a vos sentimens. C'est
ce que iay remarqué au suiet de la moucheture de cette fourrure
Royale d'hermine que vous pretédés estre faite de l'extremité de
la queüe de ces petits animaux. Mais parce que cette doctrine ne
s'accorde pas auec le Ceremonial de Frace, où nous lisons, qu'au
Sacre de Henry I I. l'eschaffaut des Ambassadeurs estoit paré
d'Hermines de velours noir sur toile d'argent, vous ne faites
point scrupule de dire, qu'en cette occasion à faute d'Hermines, on en fit auec de la toile d'argent, & des mouchetures
de velours noir, comme si vne simple moucheture estoit la
mesme chose qu'vne Hermine entiere. Or en cela vous auez
tort, vous n'auiez qu'à lire ce Liure que vous auez cité sans l'a-
uoir veu, ce qui vous arriue assez souuent, & sans luy faire violence vous y auriez trouué de l'Hermine mouchetée, comme
vous l'entendez. Soit qu'elle se fasse du bout de la queüe de ces
petites bestes, ou de quelques floccons d'aigneaux d'Italie,
estouffez à leur naissance, comme on a dit au P. de Varennes. Ie
ne reiette pas mesme cette opinion pour les habits, ce que ie vous
prie d'obseruer : car pour les Armes, les Herauts y ont eternel-
lement representé des Hermines entieres, au lieu des floccons &
mouchetures, que vous y voulez introduire de haute lutte. Les
Auteurs aussi s'accordent auec les Herauts. Et il faut estre bien
aheurté, pour dire le contraire, cóme vous faites enl'Art, pretédu
veritable, Page 96. où vous tranchez net, que tous les Ecriuains,
nomment ces mouchetures des queües d'hermines. N'allez pas si
viste, ie vous prie, & vous verrez d'abord que le P. Monet n'est

E

pas de voſtre aduis. Vous le citez en la page nonãte-trois,& vous ne vous eſtes pas ſouüenu, qu'il a dit, que vos moucherures eſtoient des croiſettes au pied longuet & patté. Le P. Binet ſous le nom de René François parle plus clairement. Les Ducs de Bretaigne à ce qu'il dit, portent d'argent ſemé d'Hermines de ſable. Le Sieur D'Hozier, Cat. des Ch. du ſainct Eſprit de la derniere creation. Monſieur de la Meſſeraye, porte de Gueules au croiſſant d'argent, chargé de cinq hermines de ſable. Monſieur du Cheſne hiſtoire des Ducs de Borgongne de la premiere branche. Les Seigneurs de Sombernon Cadets de Montaigu chargerent le canton d'argent de leurs aiſnez d'vne engreſlure & de cinq Hermines de ſable, peries en ſautoir. Cæſar de noſtre Dame Hiſt. de Pro. partie 8. M. Paul Huraut. A. d'Aix portoit de Huraut, briſé ſur le ſommet de la croix d'vne Hermine. Il ne dit point de quelle couleur, ce qui ne nous eſt pas neceſſaire. Et pour vous cõuaincre, que cette opinion eſt la cõmune, & que la voſtre au contraire eſt cerebrine, extrauagante & particuliere au moins en Armes, c'eſt que celuy de qui vous la tenez, reconnoiſt que pluſieurs de nos Anceſtres ſe ſont figurez que les moucherures noires de l'Hermine eſtoient la figure de la peau de cette petite beſte, & qu'ils nous les ont peintes auec vne maniere de petite teſte, de quatre pieds & vne queüe.

Apres cela vous voyez bien, de quel poids pěuent eſtre les raiſons que vous apportez contre noſtre opinion, auſquelles neantmoins ie ne laiſſeray de reſpondre. Premierěmét, vous dites que ſi ces moucherures eſtoient des Hermines, on ne les verroit pas ſi petites. Mauuaiſe raiſõ ne vous en deplaiſe, mettez-les plus au large, & vous les aurez plus grandes. Cependant il ſuffit qu'elles repreſentent ce qu'elles ſont, ce qui ſe peut auſſi bien faire en petit, comme en vn plus grand eſpace. Ainſi vn Sculpteur grauã vn Geant ſur vne table de diamant de la largeur d'vn ongle; & l'hiſtoire nous apprend, que l'art auoit ſi bien imité la nature, que ce Coloſſe tout abregé qu'il eſtoit, paroiſſoit auſſi grand & auſſi terrible à l'œil, comme s'il euſt eû toutes ſes dimenſions. Secondement vous dites, qu'il y en auroit d'autre couleur que

de

de noire, vous croyez donc, qu'il n'y en ait point. C'est ce qui
vous trompe, & outre celles que vous deuez auoir veües dans
la compilation des Auteurs Anglois, & ailleurs. Ie vous apprends, que le Sieur de Baëce Gentilhomme de nom & d'armes, dans le Dauphiné, porte de gueules à cinq hermines
d'or 3. & 2.

Vous dites aussi, qu'on eut deu plustost mettre l'Hermine
blanche sur le noir, & luy conseruer sa forme naturelle (vous
vouliez dire sa couleu) que de la teindre ainsi. Vous en escrirez
aux fourreurs de Paris, si bon vous semble. Ce pendant ie vous
diray que toute la grace de cette fourrure consistant en son
extreme blancheur, on s'est auisé de la rendre encore plus blanche par l'opposition de son contraire. Ce qui s'est fait en deux
manieres; La premiere & plus ancienne, en inserant quelques
peaux entieres de ce petit animal teintes en noir, & rangées
In quincuncem, comme nous voyons dans toutes les Armories
de France, d'Angleterre, d'Espagne, d'Italie, & dans les habits des anciens, dont i'ay quelques exemples dans vne Genéa-
logie des Comtes de Valentinois, en Tableaux, où ie remarque
vn Iean de Poictiers Sieur de Cheurieres, Briançon &c. Fils
de Louys & de Politiane Rousse sa seconde Femme, vestu d'vn
manteau a manches fourré d'Hermines a l'Antique & comme
on les represente en Armes; l'autre est d'vn de ses nepueux Fils
de son frere Antoine, que Monsieur du Chesne n'a point connu,
vestu d'vn manteau d'Ecarlatte, dont le collet & les parements
sont fourrez d'Hermines de la mesme maniere. La seconde façon de rehausser l'Hermine qui est aujourd'huy vsitée, a esté de
la moucheter de petits floccons de fourrure noire, ce qui n'a
commencé que bien tard & enuiron le temps de Henry II. auquel l'ancienne mode n'estoit pas encore abolie comme il se collige du ceremonial, ou ie vois deux sortes d'Hermines, l'vne
contre faite semée d'Hermines de Velours noir, & l'autre naturelle qu'on qualifie mouchettée pour la distinguer de l'ancienne qui se seroit tout a fait perduë, si la memoire ne s'en estoit
conseruée par le moyen des Armoiries. Vostre opiniastreté m'a
                                                                    con

contraint de vous repeter icy ce que i'auois escrit ailleurs , ou
ie peux dire sans vanité qu'il n'y auoit rien à adjouter.

Voyons si vous serez plus iuste en l'explication des Ot el-
l e s. Vous dites que ce sont des playes, mais qui ne sont pas
rouges comme celles de tantost , celles cy sont blanches sur vne
chair rouge , & vous les deriuez du Grec, ... vulnus ce qui est
si extrauagant qu'il faut auoir le teste & l'imaginatiō blessée, pour
estre capable d'vne semblable resuerie. Le P. B. m'escriuoit ces
iours passez que c'estoient des aureilles du Grec ... Le sieur
Finé dit que ce sont des Amandes. De raison ie en vois point. En
l'effect les Amandes s'appellent *maintes* au pays de Commingeois
comme par tout le Languedoc, Prouence, & Dauphiné, d'O-
telles on ne sçait que c'est. De maniere que ie me tiens a ce
que i'en ay dit, en attendant quelque chose de meillieur. Or si
c'estoit vn mot corrompu, & qu'on eut dit Otelle pour Etelle,
Il viendroit de *Hastula* Etelle ou Atelle, *vnde* Atteler vn bras
rompu. Il signifie aussi vn esclat de Lance, comme dans l'histoire
sainte de l'Abbé Guibert, *Fraxinos longas hostilis excipit vmbo,*
& magnis impacta viribus in hastulas minutantur.

Des Otelles ie viens au Pairle, & suis bien deplaisant
que Monsieur de B. soit auiourd'huy degousté de nostre conie-
iecture; il ne m'a pas tesmoigné pourtant qu'il la reiettât entierement , seulement m'a-t'il signifié , qu'il en auoit vne autre fort raisonnable, mais il ne m'a pas iugé digne de son secret. Le P. B. que i'ay soupçonné d'estre l'Echo dudit Sieur
de B. m'escriuoit ces iours passez , qu'il venoit de Ferv-
l a besace que l'on passoit au col , comme sont celles de
ceux qui vont porter l'eau beniste par les maisons, ce qui seroit
fort honneste , & fort seant a nostre Noblesse. Que sera-ce donc
vostre *Parilis* ? ie ne le crois pas, & i'estimerois ledit Sieur de B.
bien complaisant , s'il souscriuoit à cette opinion. Mais quoy
que ce soit, i'ay cette consolation, qu'en voulant destruire la
mienne , vous l'auez affermie par l'autorité de cét Escriuain
Anonyme, qui a dit de nostre Figure, que ce deuoit estre le *Pal-*
lium d'vn Archeuesque. *Antistitis sacris operantis Pallium.*

Vous

Vous ne vous rendez pas pourtant à cét Oracle, & fouftenez que le PAIRLE ne peut eftre vn *Pallium* Archiepifcopal, d'autant que celuy de l'Eglife de Kent (vous vouliez dire, de Cantorbery) a le pied fiché, & armé de fer. Comme fi c'eftoit vne neceffité que tous les autres fuffent de mefme. La confequence n'en vaut rien. Car en premier lieu, il y a bien de l'apparence, que celuy des Archeuefques de Naples, n'eftoit pas femblable. André Caftalde, Preftre regulier de cette Ville nous l'a reprefenté fur la planche de fon Ceremonial, armé par en bas d'vne platine pointuë, terminée d'vn bouton, en façon de bouterolle d'efpée. Celuy de Monfieur de Lyon a les pendants reueftus par en bas d'vne platine de plomb, couuerte de taffetas noir vn peu arrondie, de telle forte pourtant qu'elle eft plus quarrée que ronde : celuy de Tholofe eft fort femblable. Que s'il faut adioufter quelque foy aux eftampes, il fe trouuera que le *Pallium* de fainct Norbert Archeuefque de Magdebourg eft couppé quarrément, fans apparence d'auoir iamais eu platine. En quoy il fe trouue abfolument conforme à celuy de fainct Ambroife, que ie vois dans le fceau de fainct Charles Borromée, affis au milieu des faincts Martyrs Geruais, & Protais, reueftu de fon *Pallium*, couppé tout net par la pointe pendante fur l'eftomach. Et comme ce *Pallium* eft fur fa chafuble croifée deuant & derriere à l'antique, il reffemble aucunement à celuy de Vonvvil, que le graueur ayant tiré fur vne pareille chafuble, il fe pourroit bien faire, qu'il euft confondu le trauerfier de la croix auec le pendant du *Pallium*, ce qui foit dit en paffant; & pour enquerir.

Que fi tout cela ne vous fatisfait, fçachez auffi, qu'il ne fuffit pas de dire brufquement, que le terme *Pairle*, vient de *Parilis*; car d'vn cofté ce terme Parilis eft vn adiectif, qui demande ie ne fçay quel appuy, que vous ne luy donnez point, que fi vous foufentendez le fubftantif, *Figure*, par exemple, vous deuiez nous apprendre l'vfage de cette figure, l'accommoder à fa fignification, & la determiner à quelque chofe de certain, finon nous aurons bien plus d'vn *Pairle* en Armoiries. En vn mot, ie vous

F

souftiens que le *Pallium*, & le Scapulaire ne peuuent eftre appellez *Pairles* de cette pretenduë égalité de parties, qu'ils n'ont
point. Vous verrez les modernes, fi bon vous femble, & trouuerez qu'ils ne peuuent eftre efgaux,& des bien anciens, fi vous
auez dans voftre bibliotheque les Homelies du P. Coton, imprimées à Paris, chez Sebaftien Huré, vous verrez que les pendants du *Pallium* de fainct Denys, qu'il a fait tirer fur la planche
de fon liure, luy defcendent par deuant iufques au milieu des
iambes, & partant il faut que le *Pairle* foit venu d'ailleurs que
de cette pretenduë parilité qu'il n'a point en effet.

Vous me faites auffi querelle pour le GOVSSET, dont i'ay pluftoft expliqué l'vfage que l'etymologie, laquelle ie n'ay fait
qu'effleurer. En effet, fi le GOVSSET vient de *Gouffe*, il faloit
donner l'etymologie de ce dernier terme, dont ie n'ay rien dit,
parce que ie ne croyois pas qu'il fuft neceffaire. Que fi ie voulois
me donner carriere, comme vous faites affez fouuent, ie le ti-
rerois du Latin *filiqua*, en tranfpofant quelques lettres, & vous
prouuerois la iuftefle de cette origine par vn nombre infiny de
termes formez en cette maniere de l'Hebreu en Grec, du Grec
en Latin, du Latin en François, Italien, & Efpagnol, &c. vous
trouueriez peut eftre cette entreprife hardie. Mais les voftres
font bien plus releuées. Vous ne changez pas feulement les
noms des chofes.

Voftre puiffance s'eftend iufques fur les natures, que
vous metamorphofez comme bon vous femble. Ainfi vous tirez
le Synople qui eft rouge partout, finon en Armes, du Grec
ϖρϕσιος, & du Latin *Gulioca, que funt viridia nucum putamina*,
noftre rouge, ou Gueules, apres quoy il n'y a plus rien qui ne
foit faifable. Ailleurs vous tirez encore le Synople de deux termes Grecs, κωνία ϖρλα, ce qui eft fort iudicieux. Mais que dites
vous de voftre Amy, le P. B. qui le tire de l'Alleman *Schil de
grund*? à voftre aduis eft il pas gaillard?

Le Lecteur en iugera, & cependant nous examinerons l'etymologie de la TRANGLE terme barbare & inufité en Armes deuant la Colombiere, qui l'a tiré du M. S. de Grenoble, dont ie
diray

diray mon fentiment ailleurs. Or comme ce terme eft fort Prouincial, s'il n'eft Barbare tout a fait, auffi l'ay-ie tiré du Latin
barbare *Tharinca*, ce qui ne plaift pas à Môfieur de Boiffieu à ce
que vous dites. Que fi la lettre que vous alleguez n'eft fuppofée,
ie prie ce grand hôme de me permettre d'appeller de fa fentence
à luy-mefme, & à ce glorieux cercle de doctes qui l'enuiron-
nent, & le confiderent comme le Sceuole de cette fçauante Ville. Et fi ie fuis condamné, ie baifferay la tefte, & prendray patience. Mais quoy qu'il arriue, ie ne penfe pas que vous perfua-
diez à ces Aigles, que la TRANGLE vienne de *Regula*, que vous
ne difiez côment & pourquoy. I'entends bien pourtant, que vous
alleguez Vitruue, & ne doute point, que cét Ancien n'ait fouuent parlé de Regle & de Compas. Mais il faloit vn peu mieux
circonftancier cette authorité, nous marquer le lieu dont vous
vous vouliez vous feruir, apporter quelque Analogies de *Tran-*
gle, au Latin *Regula*, les appuyer de l'vfage des Efcriuains
François, Romans, ou autres, à faute de quoy ie vous bai-
fe les mains.

Ie reuiés a voftre lettre ou vous me menaffés de refuter ce que
i'ay dit du PERI EN SAVTOIR DV DIASPRE DE L'ESSONIER
PAMPELLONNE, DE LA BANDE, DV L'AMBEAV, &c. Et ie connois a voftre mine qu'au lieu de me refuter vous vous attirerés
bien de la côfufion, & puis c'eft tout Qu'auez vous dôc à dire du
Diafpré, ce qu'vn de vos confidens m'en a efcrit fans doute, qu'il
ne vient pas du Latin, *Difpar*, mis de l'Italien, *Diafpro*. Mais
fi ce *Diafpro* venoit de *Difpar*, comme il eft fort vraifemblable
que diriez vous ? Certes ie penfe l'auoir prouué a celuy dont
nous parlons, mais d'autant que cecy n'eft pas public ie fuis
content de le repeter icy pour la fatis-faction des curieux, &
de Monfieur de B. entre autre qui m'a fait c'efte objection. Ie
luy difois que comme toutes les pierreries tirent leurs noms de
certaines qualités & proprietés naturelles, qui les diftinguent
les vnes des autres pluftoft que de leurs formes effentielles qui
nous font inconnües. Ainfi le beau Iafpe eftant naturellement
marquetté & diuerfifié de couleurs differantes Il eft fort croyable.

ble que les Italiens l'ayent appellé *Diafpro*, de c'este Disparité , & diuersité de couleurs dont il est reuestu plustost que du Latin, *Lafpis*, qui en est assez eloigné. Ainsi l'Escarboucle le Pyrope, la Chryfolite, l'Onice & autres ont receu ces noms de leurs couleurs. Le Diamant & l'Ametyste de leurs proprietés, quelques autres comme le Topaze, du lieu de leur origine &c.

Ie ne doute point aussi que vous nalliés chercher l'origine de L'ESSONNIER, dans vostre *Scapula* car afin que ie die cecy en passant côme ie suis Homme de Romans vous lestes de dictionnaire, & si vne fois vous venez a les perdre vostre fortune est faite, & l'on dira de vous ce que les politiques de Paris disoient du C. de Pelleuè.

Seigneurs Estats excusez le bon Homme,
Il a laissé son Calepin à Rome.

Tant ya que c'est honneste Homme dont vous vous estes seruy pour crochetter mon secret m'escriuoit l'année derniere, qu'il venoit du Grec *ζ...* en deux mots dont il a basty nostre essonnier qui signifie vne ceinture.

Or a cela i'ay 3 choses à vous dire. La premiere, que ce terme *Essonier*, n'a iamais esté employé en ceste signification par nos Auteurs. Secondemèt vous deuez vous souuenir de ce que vous auez dit & reperé plusieurs fois que l'inuention des Armes est deüe a nostre nation; ce qu'estant, c'est vne impertinence d'aller chercher l'origine des termes d'vn Art n'ay en France chez les Turcs, Arabes, Hebreux, Grecs, Espagnols, comme vous faites assés souuent. Enfin ie vous repete ce que ie vous disois tantost qu'en matiere d'etymologie, il faut boire de l'eau de sa Cisterne selon le dire de l'Escriture, & comme il estoit deffendu aux Atheniens d'aller puiser chez leurs voisins qu'ils neussent fait auparauant toutes les diligences possibles, pour trouuer de l'eau dans leurs fonds. Ainsi aurions nous mauuaise grace d'emprunter de nos voisins ce que peust estre nous auons chez nous, outre que rarement nous y reussissons.

En effect ie prans garde que plusieurs Doctes se font embarassés pour n'auoir voulu suiure cét ordre. Henry Estienne entre

tre autres s'eſt efforcé inutilement de tirer noſtre *Tringue*, ou *Tringle* du Grec οﬔﬨ, qui n'en eſt pourtant ſi éloigné que voſtre *Regula*. Villain de ᴮᴬᴸᴼ lequel manifeſtement eſt deriué de *Villanus*. *Hoqueton*, du Grec χιτⲱ confondu auec ſon article ιχιτⲱ c'eſt vn diminutif du Flaman *Heuque*, employé par Mon-ſtrelet pour vne Cotte d'Armes, & dans le Ceremonial de Fran-ce au meſme ſens, pag. 53. tant y a, que de ce mot Heuque, ou Huqué, on en a fait Huquetton, & Hoquetton d'Archer.]

Ainſi vn ſçauant de nos iours pourroit bien s'eſtre meſpris en l'origine de noſtre vieil mot Gaulois Tinel, qu'il a voulu faire ſortir du Grec ϴριαϻϭ, c'eſt à dire, vn chant de triomphe, ce qui eſt infiniment eloigné de ſa naturelle ſignification, que nous expliquerons, apres auoir donné ſon origine, laquelle ie tire du Latin *Tignum*; d'où l'on a fait premierement *Tine*, pour dire le tronc d'vn arbre, qu'on appelle auſſi Tige de *Tigillum*, ſi je ne me trompe. Dans noſtre Perceforeſt ie vois des Arbres hauts de Tine; c'eſt à dire, de tige. De tine puis apres nos Anciens ont fait leur Tinel vſité encore auiourd'huy en Picardie, pour ſigni-fier vn baſton. Et en ce ſens ie trouue dans le meſme Perceſo-reſt, que la femme du Geant aux crins dorez prend vn Tinel pour aſſommer Clamides, Eſcuyer de Lyonnet du Glas, qui auoit abuſé de la ſimplicité de la ieune Geande, ſa fille, âgée ſeule-ment de neuf ans, quoy que d'vne taille fort au deſſus de cet âge. Et au premier vol. fol. 130. *A tant vn venir vn Eſtuyer moult noblement veſtu, & le ſuiuoient deux forts varlets, por-tants ſur vn Tinel vne Corbeille.*

Voila donc ce que c'eſt que Tinel, reſte d'en montrer l'vſa-ge, & de l'ajuſter à l'ancienne Ceremonie, pratiquée en France, Angleterre, & autres Eſtats voiſins, où les Roys tenoient *leur Tinel*; c'eſt à dire, Cour planiere. Ce qui ſe faiſoit aux grandes Feſtes de l'année, où paroiſſants en Majeſté, la couronne ſur la teſte, & le Sceptre, TINEL ou baſton Royal en main, pendant les Diuins Offices, & meſme dans le Palais, l'heure du diſner ap-prochant, ils *remettoient ce Tinel au Seneſchal*, qui eſt auiour-d'huy le Grand Maiſtre, pour marque de l'autorité qu'il auoit

G

d'ordonner de tout ce qui appartenoit à la table du Prince, & de faire adminiftrer ce qui eftoit neceffaire tant aux ordinaires qu'aux eftrangers qui venoient de loing à cette fefte par curiofité, ou pour faire honneur au Roy, tenant fon Tinel. Cette ceremonie auoit encore deux circonftances confiderables que vous prendrez en bonne part, quoy qu'elles foient hors de propos. La premiere, que trois Cheualiers faifoient le Siege du Roy & vn Efcuyer couché à terre, luy feruoit de Marchepied. La deuxiefme, que les Grans du Royaume feruoient la table môtez fur grands dextriers, dequoy nous vous dônerons des exemples en temps & lieu. Voila, Monfieur, dequoy me feruent les Romans, dont ie ne ferois pas tant d'eftat, fi ie ne connoiffois par experience la neceffité de cette lecture. C'eft de ces vieux bouquins que vous deuez apprendre ce que nos Herauts entendent par leur *Pampellonné* ; car vous parlerez ainfi, s'il vous plaift. I'en ay bien quelque lumiere ; mais elle n'eft pas affez forte pour diffiper les tenebres, dont ce terme eft enueloppé, ce qui m'a empefché de m'en defcouurir, fi vous auez quelque chofe de meilleur vous nous le donnerez, & nous vous en ferons obligez.

Ie m'attache à voftre lettre comme vous voyez, fuiuant l'ordre de laquelle ie viens au *Peri en Sautoir*, qui eft vne de nos phrafes Armoiriales, laquelle i'ay expliquée en vn fens que vous pretendez combattre. Or en cét article il y a deux chofes à confiderer, le terme *Peri*, duquel vous n'auez ofé rien dire iufques à prefent, peut-eftre n'auiez vous pas confulté vos Oracles. Quant au *Saultoir*, ie vous vois fort irrefolu, ce qui vous arriue affez fouuent ; car en la page cent, vous enfeignez que le Chevron, le Pal, & le *Saultoir* font des pieces de la barriere d'vn camp, ou comme vous dites en la page 110. les pauls, *Sautoirs*, frettes & cheurons font pieces de la palliffade de la garde d'vn camp & des lignes. Et en la page 422. Vous changez d'aduis, & dites que le Sautoir, eft vn inftrument à deuider le filet & faire les Efcheuaux. Ainfi à voftre exemple il me feroit bien permis de me r'auifer & prendre vne autre brifée, fi ie n'auois bien rencontré

Mais

Mais comme ie blâme voſtre irreſolution, ie renonce au priuilege ; & au lieu de vous imiter, ie m'affermis dans ma premiere penſée, que le *Sautoir* ait eſté ainſi appellè de l'exercice de noſtre ieuneſſe. Ce que i'appuye de deux autoritez. L'vne de Perceforeſt où ie vois *deux lances, eſpées en Sautoir*, il dit, qu'elles ſont *eſpées*, d'autant qu'elles eſtoient *à fer emoulu* ; Et qu'elles ſont en *Sautoir*, marque de quelque exercice militaire, ſuiuant ce que dit Tacite *de moribus Germanorum* (& c'eſt ma ſeconde autorité) que les ieunes gens de cette natiõ, *Nudi inter gladios ſe, atque infeſtas frameas ſaltu iaciunt*. De maniere que ie ne fais plus aucune difficulté du nom & de l'vſage du Sautoir, que ie n'auois expliqué, qu'auec crainte.

Quant a vous Monſieur il eſt euident que vous vous trompez d'vn coſté ou d'autre, & peuteſtre de tous les deux. Car pour ce qui concerne vos barrieres dont vous parlez ſi poliment, vous n'en apportez aucune autorité qui eſt vn mauuais ſigne. Et pour le deuidoir a faire les *Eſcheuaux*, la penſée en eſt ſi baſſe & ſi indigne de la generoſité, de nos Cauulliers que vous en deuriez rougir. Mais quoy le Pere Monet, qui eſt vn de vos meillieurs Maiſtres auoit donné des Fuſeaux de Femme a ces braues, & comme vous n'auez pas moins d'inclinatiõ pour le beau ſexe & pour ſes excercices vous auez voulu leur donner des deuidoirs & ie ne doute point qu'a la prochaine edition vous ne leurs fourniſſiés des quenouilles, & ne les enuoyés filer en la compagnie d'Hercule auec les Demoiſelles de la belle Omphale.

Que direz vous donc icy pour voſtre deffenſe, que le terme *Aſpa* dans voſtre Dictionaire Eſpagnol ſignifie vn deuidoir, vn ſautour &c. Voyla qui va bien. Mais pour cela noſtre Sautoir Armorial ne ſera pas vn deuidoir ny le deuidoir vn ſauteur ou ſautoir. Car comme le mont Taurus, n'eſt pas vne beſte a corne quoy que le nom qu'il porte ſoit commun a la Montaigne & a l'animal, & comme les Elephants de Pyrrhus ne deuindrent pas des Bœufs, parce que les Italiens qui ne les connoſſoient pas encore leur donnerent ce nom, la premiere fois qu'ils les virent, & pour me ſeruir de vos Armes & de vos rayſonnements contre

vous

vous mefme. Comme nous ne pourrions pas appeller noftre Sautoir Armorial vn Cheualet, encore que ce cheualet foit quelque fois nommé Sauteur, quelle raifon y auroit il de dire que le Sautoir du Blafon eft vn deuidoir, parce que le terme Efpagnol *Afpa* fignifie vn deuidoir.

Ouurez donc les yeux, ie vous prie, & confiderez que de toutes les fignifications de voftre *Afpa*, il n'y a que la premiere qui luy foit propre & que toutes les autres font Metaphoriques, & empruntées de la premiere, auec laquelle elles n'ont rien de commun que le nom. Et pour vous ofter tout fujet de douter, apprenés de moy que les termes *Afpar* & *Afpa* ne font pas tellement Efpagnols qu'ils n'ayent efté conus, & vfités en noftre langue. Et comme les bons Romans font des trefors inefpuifables de l'antiquité, celuy de Perceforeft tant eftimé de touts les curieux m'en fournit vne agreable preuue au 5. vol. où *Afpeller* eft employé pour deuider, & il y a du plaifir de voir deux infolents Cheualliers de la Cour du Roy Arthus, attrapez finement par vne fage & vertueufe Demoifelle, laquelle ils auoient entreprife, & qu'ils s'eftoiét vantez d'humilier au peril de touts leurs biens. De quoy, il ne leur reuffit autre chofe que la confufion de fe voir enfermez dans vne Tour, l'vn apres l'autre, où cette chafte Penelope les contraingnit de filer & puis deuider, l'Auteur dit HASPELLER ce qu'ils auoiet filé fur peine de mourir de faim. En fin i'obferue que tout le raport qu'il pourroit y auoir entre le deuidoir & le Sautour du Blafon n'a iamais peu faire que nos Auteurs en ayent confondu les noms, de maniere que le Sautoir eft toufiours demeuré aux Armes, & à noftre Ieuneffe martiale & guerriere & le deuidoir (qu'on appelle en Dauphiné Echaigne, en Prouence Efcaigne, en Languedoc Efcaueau, en Champagne Efchauoy, en France, vn deuidoir) aux Dames & Demoifelle. De SAVTOVR en cette fignification ie vous confeffe mon ignorance ie n'en entandis iamais parler.

Du *Sautoir* vous paffez à la BANDE où ie vous attends de pied ferme. Pour le LAMBEAV que i'ay deriué de lamina, d'où par diminution on a fait, *lamma & lamba*, & de là en noftre langue,

Lambre

Lambre & Lambrequin, à l'exemple des Espagnols qui ont formé ces mots, *nombre*, *lumbre*, *hombre*, des termes Latins *homo*, *lumen*, *nomen*. I'ay pour garent le Sieur Mesnage, qui ayme bien mieux montrer par ses doctes escrits la connoissance qu'il a de toutes les langues Orientales & Occidentales, que de s'en vanter comme vous. Ie ne sçay pas si touts ses ouurages sont dans cette vaste Bibliotheque, dont vous me faites peur. Mais ses seules origines que vous auez fort estudiées, suffiroient pour vous apprendre, que tous les Doctes ne sont pas Pedants, comme nous apprenons des vostres, que tous les Pedants ne sont pas doctes; & si vous n'auiez tant d'amour pour vostre noble mestier, vous aduouëriez auec vn Ancien, qu'à l'Academie aussi bien qu'à l'armée, il y a quantité de Braues, dont la valeur & la doctrine sont eminentes, quoy qu'il ne portent le saye de soldat, ny la robbe de Professeur.

Monsieur Mesnage est de ce grand genre, & ie reconois auec joye que i'ay pris de luy le fonds de mon Etymologie du Lambeau, que i'ay estenduë au l'ambrequin, & l'ay illustrée par l'autorité de nos anciens Historiens, chez lesquels touts les noms en Quin, sont diminutifs fort vsités aux Pays bas. Ie vous ay déja parlé des Petrequins, Raoulequins, Iossequins, & autres qui sont de ce païs i'y ajoûte les BOTTEQVINS d'Oliuier de la Marche qui sont de cette qualité & signifient des petits Bots ou Esquifs. Ainsi Tomas Què Angloys, ayant appris que Iacque de Lalain qu'il cherchoit pour faire Armes, s'estoit embarqué pour son retour, il semit en vn BOT, & courut apres luy ce dit la Marche. Chez lequel vous verrez, qu'au Festin des Nopces de Charles Duc de Bourgongne, auec la Sœur du Roy d'Angletere, l'on seruit vne nef chargée de viandes accompagnée de quatre Bottequins i.e. Petits Esquifs pleins de Fruicts & de Confitures, de toutes sortes ce que peust estre vous n'auriez pas entendu si ie ne vous l'eusse expliqué.

Ie vous donne encore des espargnes dudit Sieur Mesnage le fameux Harlequin, ou petit Harlay, à qui vous ferez caresse en faueur de la profession. Car vous n'estes pas tellement Pedanr

H

que vous ne foyez auſſi Homme de Theatre en qualité de Meneſtrier. Et pour n'oublier ces illuſtres Forgerons des foudres de
nos Roys, dont vous eſtes iſſu, Ie ioindray a ces diminutifs en,
Quin, deux pieces de noſtre anciene Artillerie. Le Cranequin
& le Ribaudequin ainſi nommez par ce qu'ils eſtoient plus petits
que les Mangenes, *Vnde Mangenelli*, chez Albert d'Aix appellez
depuis *Mangonneaux* par corruption, Chattes, Eſpringalles,
Trebus & Trebuchets, dont nous auons la figure dans le blaſon
d'vne famille du Valentinois fondue en celle des Miſtrals, il eſt
de Gueulles à vn trebuchet ou Mangonneau debandé d'argent,
d'ardant vne nuée de pierres de meſme.

C'eſt ce que i'auois à vous dire pour l'intelligence & l'origine
du Lambrequin qui eſt deſormais bien prouuée; Quand à vous
Mr. qui le deriuez de *Lamberare*, vous verres ce qui vous en ar-
riuera. Car d'vn coſté Nicot que vous alleguez ne parle point de
Lambrequins, tant s'en faut qu'il le tire de ce verbe dont Feſtus
ne connoit que la troyſieſme perſonne du preſent. *Lamberat* 1.
e. Scindit Laniat, & d'ailleurs, ie veux que les Lambrequins
ayent eſté appellez Hachements, dequoy ie vous prie vous eſtes
vous auizé de tirer ces hachements des chapperons hachez à
la guerre, & qui à iamais ouj dire que nos caualiers ayent porté des chapperons ſur leurs caſques & heaumes? En effect l'e-
xemple que vous apportez en preuue de ceſte doctrine, la de-
ſtruit pluſtoſt qu'il ne l'eſtablit: Il eſt pris d'Oliuier de la marche qui nous repreſente Frideric Pere de Maximilien premier, Roy des Romains faiſant ſon entrée dans Beſançon, ou il
parut couuert d'vn chapperon, dont la patte venoit iuſques à la
ſelle de ſon cheual, & eſtoit decouppée à grand lambeaux, & le
reſte. Or ie vous demande ce Prince venoit-il de la Guerre,
que ſon Chapperon eſtoit ainſi decouppé, ou ſi c'eſtoit la couſtume de partir, & coupper ces pattes de Chaperon afin qu'elles
en fuſſent plus gayes, & moins embaraſſantes? C'eſt ce qu'il
faut que vous reconoiſſiez. Car cette entrée ſe fit en plaine
paix, ou ie ne dis pas vn Prince, mais le moindre Gentil-Homme n'auroit pas oſé pareſtre ainſi deſchiré, & decouppé. Et d'ail-

leurs

leurs c'eſt vne choſe ſi extrauagante, & ſi éloignée de toute apparence de raiſon qu'on ait porté des Chapperons ſur le Caſque, comme vous auez voulu dire que ie ne ſçays comme vous auez peu eſtre capable d'vne telle penſée.

Certes Monſieur, les Caualliers du temps paſſé ne portoient pas le Caſque ſur la teſte nuë, cela n'appartenoit que des Saints Penitents, tels que ſainct Guillaume Duc d'Aquitane, vn ſainct Conrard &c. Ils auoient donc quelque choſe ſur la Teſte, vne coiffe piquée par exemple que les Anciens appelloient, Αχίλλειος σπόγγος parce qu'Achille en fut l'inuenteur ἵνα μὴ εἰδ̔η̣ῷος τρίβῃ τὼ ιιραλώ comme dit Euſtatius ſur le neufiéme de l'Iliade, Ammian Marcellin le nôme CENTO. Sur cette coiffe ils en mettoient vne autre de fer couuerte de cuir blanc, on l'appelloit alors le Baſſinet. Sur ces deux Coiffes ſe poſoit le Heaume ou Tymbre orné de ſon Cimier accompagné de la Treſque, treſſe, torque ou tortil (ce que vous appellez Bourrelet fort mal a propos) pour les ſimples Bannerets, du Chappeau ou Cercle, pour les Comtes & Ducs, Et de la Couronne pour les Roys. Or ſi ce Caſque ſeul incommodoit ſi fort qu'on ne le prenoit qu'au beſoin & au point qu'il falloit combattre, qu'auroit faiĉt vn chapperon fourré ſur' vn heaume chargé de cimier & des autres ornements ordinaires, en ce temps principalement que les gens de guerre eſtoient armez d'anclumes, comme diſoit Rabelais, ou comme ces Crupellaires Autunois, dont parle Tacite. Bref il faut que vous conſideriez icy deux choſes. La premiere, que c'eſt la patte du Chapperon de Frideric, & non la teſtiere, qui eſt decouppée, ce qui deuroit eſtre neantmoins, eſtant plus expoſée aux coups qu'aucune autre partie de ces Chapperons. Et la ſeconde, que ces lambeaux ſont taillez & decoupez auec tant de iuſteſſe, qu'il eſt aiſé à connoiſtre, qu'ils ont eſté faits à deſſein & auec eſtude dans la boutique d'vn Tailleur, & non dans le deſordre & la confuſion d'vne bataille mortelle.

Ie vous attends au reſte ſur la *Hache Danoiſe*, que ie vous prie de manier dextrement, ſi vous ne voulez vous enferrer, comme il vous eſt arriué aſſez ſouuent; i'en ay dit, ce que i'en penſois.

penfois, auſſi bien que de la B R O Y E , & i'oſe dire , de celle-cy
qu'elle vous feroit encore inconnuë , ſi ie ne l'auois expliquée
par vne ſeconde penſée, qui eſt ſolide, quoy que vous diſiez:
que ſi la premiere n'a pas eſté heureuſe, i'en ay rendu la raiſon.
Nous n'auons que trop d'experience des deſordres , qui ſe ſont
gliſſez dans la ſcience Heraldique à faute d'entendre les termes,
& de connoiſtre les figures aſſez ſouuent deprauées par les Peintres, Sculpteurs, Brodeurs, &c.

L'ignorance des termes a fait , qu'on nous a donné vn *Cercle
de Tonneau*, pour vn *Sycamor*, qui n'eſt rien moins que cela. C'eſt
vn arbre tres-commun dans les montaignes de Dauphiné, où il
vient naturellement, & ſans art. Depuis quelques années on l'a-
uoit apporté en France de là ou d'ailleurs , où il a eu vogue iuſques à ce que les tillots ayent eſté connus , & luy ayent oſté ſon
credit. Tant y a qu'on le connoiſſoit par ſon propre nom de Sy-
comore pour lequel les Prouinciaux, & les Officiers d'Armes diſent plus communement vn Sycamor.

Le C E R C L E meſme s'eſt reſſenty de ce malheur, & l'ignorance des Graueurs eſt allée à ce poinct qu'ils nous ont repreſenté
vn *Cercle commun* , au lieu d'vn *Chappeau de Comte*, qu'on appelle proprement vn *Cercle* & c'eſt en ce ſens, qu'il eſt ſouuent
employé dans nos Romans, & dans le Ceremonial;ce qui me fait
ſouuenir d'vne erreur plaiſante d'vn Auteur celebre, parmy les
Herauts, qui s'eſt imaginé que les Perles, qu'on appelle de conte,
eſtoient ainſi nommées, d'autant que les Cercles, ou Chappeaux
des Ducs, Marquis , & Comtes eſtoient grêlées , de cette ſorte de Perles , qu'on vent à la piece , à raiſon dequoy l'on en marque le nombre , en quoy elles different des autres moins fines,
qui ſe vendent au poids.

Ie remarque aſſez d'autres traicts ſemblables de cét Auteur
que ie paſſe, pour vous dire , que i'ay vn violent ſoupçon que
Me Iean le Feron ne nous ait tous trompez , au ſuiet de la croix,
qu'il appelle R E S A R C E L E E. Ma raiſon de douter eſt, que tous
ceux qui ont eſcrit deuant luy ne connoiſſent point cette ſorte
de

de croix de la façon qu'il l'a repreſentée, au lieu de laquelle ils nous en donnent vne autre en façon de *croix encrée*, dont les crochets ſont fort recoquillez & preſque arrondis, à raiſon de quoy ils la nomment RECERÇELLE'E, ce qui conuient extremement bien à la ſignification de cet ancien terme *Recercellé*. Ie remarque auſſi qu'aucun de ces Eſcriuains anciens ou modernes n'a produit iuſques à preſent aucun blaſon de famille ou la croix de Iean le Feron ſoit employée, de la maniere qu'il nous la donne. Et ainſi tout conſideré, il y a lieu de croire, que cet Auteur ayant leu que le Mareſchal de Marſilly & le Chancelier Hemard portoient des croix *recercellées*, ſans en auoir veu la figure; il nous les auroit figurées ſuiuant ſon imagination, & non ſelon la verité des choſes. Que ſi ma conieƈture ſe trouue veritable, ie n'auray point de honte de retraƈter mes fautes icy & ailleurs, ſi le cas y eſchet.

Ne croyez donq pas que ie m'offenſe, ſi vous changez d'opinion touchant les Armes de Nauarre, car d'vn coſté vous n'eſtes pas tel que ie me doiue beaucoup flater de voſtre approbation non plus que Phoceon de celle des Atheniens. Et d'ailleurs ie ne ſcaurois eſtre blaſmé de ſuiure Oihenard dans ſon deſaduen l'ayant pris pour garend de mon aſſertion auec tant d'autres grands hommes, auſquels ie ponuois adiouſter le P. E. Binet dont le teſmoignage n'eſt pas de moindre authorité que celuy du ſieur Meneſtrier.

Mais puiſque nous ſommes ſur ce chapitre des retraƈtations ſi vous prenez le ſentiment de vos amis, vous en ferez vn volume auſſi gros pour le moins que celuy de ſainƈt Auguſtin. Or bien que ie ne ſois aſſes heureux pour eſtre de ceſte trouppe choiſie, ie ne laiſſeray pas de vous traiƈter en Amy, & de vous marquer d'office quelques lieux de voſtre liure qui ont beſoin de reuiſion.

I'eſtime donq en premier lieu que vous eſtes obligé de retraƈter ce que vous auez auancé en diuers lieux de cet ouurage, que les Armoiries ont eſté inuentées par noſtre nation, & que l'vſage n'en a eſtè introduit que dans la ſecõde race de nos Roys.

I

n'y ayant rien de plus veritable que ces glorieuſes marques, & enſeignes de la nobleſſe ſont auſſi anciennes que la guerre, & les armes meſmes. Ce qui vous a trompé eſt, que vous auez leu dans vn Auteur du temps, qu'il ne ſe trouue Charte ny tombe ornée ou ſcellée d'Armes de prince ou ſeigneur deuant l'an 1072. A quoy i'adiouſte pour vous obliger, ce qu'a eſcrit Haute Serre, que nous n'auons ſceu ce que c'eſtoit qu'Armoiries deuant la troiſieſme race de nos Roys. Mais comme ces arguments ſont negatifs, ie n'eſtime pas qu'ils ſoient concluants. Car d'vn coſté, il eſt euident que les Grecs, Romains, & Allemans ſe ſont ſeruis d'Armoiries long temps deuant nous, ce que ces Autheurs ne denient pas. Et pour ce qui nous regarde, vous faictes aſſez voir par vos propos eſcrits, qu'ils n'ont pas frappé au but. Souuenez vous de ceque vous dites de Charles le Chauue & de Geofroy le velu qu'il quitta ſes Armoiries propres (ce que ie vous prie de noter) pour donner lieu à celles que Charles luy donna, & que vous dites eſtre celles d'Aragon *Per prolepſim.* Car autrement ce ſont celles de la Principauté de Barcelone. Souuenez vous encore de l'obſeruation que vous faictes, page 373. de voſtre liure, par ou il paroiſt que noſtre Roy Clouis auoit déja des Armes. Et enfin de ce que vous dites en la page 39. ou vous citez le ſieur des Marets, qui donne des Armes à vn ſeigneur de Pons des le temps du meſme Clouis, & du Roy Alaric. Ie pourrois adiouſter à ces riches teſmoignages ce que les Alemans eſcriuent de VVITIKIND dont les Armes furent changées au bapteſme par noſtre Charlemaigne deuant l'an huict cents. Vous ne rejetteries pas peuſt eſtre ce traict de la Chronique de Flandre, qui rapporte que le ſire de Gaure portoit les Armes de Rolant. Vous ſcauez auſſi ce que l'on a dit de Phinard & de Lideric.

Mais nous n'en demeurons pas la, ie pretens que les Armoiries eſtoient deſia conuës, & vſitées de la maniere dont nous en vſons des le temps de nos peres eſtants encores en Alemaigne, comme ie l'infere de ce lieu de Tacite, *De moribus Germanorum. Nulla inquit apud eos cultus iactatio ſcuta tantum lectiſſimis, coloribus*

ribus diftinguebant. Ce que ie pourrois expliquer de nos Efcuts,
partis, couppés tranchés, taillés, faffés, pallés, bandés, barrés
&c. des couleurs & des metaux de nos Armoiries, ce qui eft
propre de noftre nation car toutes les autres ont pluftoft affecté
les animaux de toutes fortes, & les monftres mefmes, comme
nous l'auons dit ailleurs.

Voyla Monfieur ce que i'ay remarqué de noftre Nation, la
quelle comme vous fcauez, n'a iamais efté des plus curieufes.
Et pour ce qui eft des Grecs, & des Romains, fi ie vous traictois
comme, *Tatius*, & les Sabins l'infortunée, *Tarpeia*, & que i'a-
moncelaffe fur voftre tefte touts les Efcuts, Targes, & Boucli-
ers des Heros de la Grece, & d'ailleurs, ornez & Hiftoriez de leurs
Blafons, & deuifes ie vous ferois vn Monumét plus fuperbe que
celuy de Maufole, & de tous les Roys d'Egypte. En effet vous
ne fçauries refifter a cette foule d'Autoritez, & de tefmoignages
autentiques qui s'eleuent contre vous, & quand nous n'aurions
que les Poëtes que vous vous efforces de reculer, vous ne pourriez pas vous fauuer. Car encore que ces beaux efprits fe donnent fouuent carriere, & quils meflent beaucoup de fables dans
leurs narrations aufquelles pour cette raifon nous n'ajouftons
pas toufiours foy : fi eft ce pourtant qu'on n'a pas accoutumé
de reietter leur tefmoignage en ce qui concerne les mœurs cou-
ftumes, & façons de faire de l'antiquité.

Mais de bonne fortune, nous n'en fommes pas reduits à ce
poinct. Vous auez peu voir dans nos Origines quelques autoritez extraites de Plutarque, dont le nom eft en veneration
parmy tous les fçauants. I'ay rapporté auffi quelques exemples
d'vn plus grand nombre, tirez de Paufanias, qui ne dit rien, que
ce qu'il a veu de fes propres yeux ; car il y en a bien dauantage.
Celuy de Menelaüs entr'autres dont le fymbole eftoit vn dragon, figure de celuy qui parut en Aulide, au demarer de l'armée des Grecs. Homere qui a fi dignement efcrit cette expedi-
tion, vous a donné le Blafon de fon Aifné, qui n'eft pas fi regulier. Et il faloit bien que le Harnois & le Bouclier d'Achilles euffent quelque chofe de fingulier & de remarquable, puif-

que

que Patroele, qui les auoit endoſſés, fut pris & tué pour luy.
Que s'il ne parle ſi exactement des autres Chefs de cette armée,
vous pouuez coniecturer des paroles de Chorebus, au ſecond
de l'Eneide, qu'ils ne laiſſoient pas d'auoir Eſcuts & Armoiries. Ce qui eſt confirmé par l'autorité de Pline l'aiſné liure
35. de l'hiſtoire naturelle, où il eſt dit expreſſément, que les Eſcuts de ces Braues eſtoient ornez d'Images, & Figures diuerſes
pour ſe faire diſtinguer & connoiſtre. *Vnde, inquit, Scuta no-*
men habuére clypeorum non vt peruerſa grammaticorum ſubtili-
tas voluit a cluendo.

Ne dites donc plus, que nous deferons trop à l'antiquité, nous
le faiſons auec iugement & autorité, & ſi vous n'eſtiez ſi bruſque, vous vous ſouuiendrez encore de ce que vous auez enſeigné page 60. & 61. de l'Art veritable, que les Armes des filles ſe
mettoient ſur des lozenges, à cauſe, que les tôbeaux des Amazones eſtoient de cette figure, & que l'on grauoit les Armes deſſus
ces tombeaux. Vous n'auriez pas auſſi oublié le lieu de Diodo-
re, que vous rapportez, page trois cents vint-huict, & que vous
auez emprunté de Fauin, auſſi bien que celuy des Amazones:
mais vous ne prenez pas le ſentiment de cet Auteur, qui s'en eſt
ſeruy conformement au noſtre.

Apres cela il ſemble qu'il ne ſeroit pas neceſſaire de s'arreſter
aux raiſons de Blondel, & Hauteſerre Afin neanmoins qu'il ne
vous reſte aucũ ſcrupule. Ie vous diray que iay déja reſpõdu a ce
deffier des l'entrée de nos Origines où ie vous ay aduerty que
les voyages de la terre Sainte, n'ont pas tant eſté occaſiõ de l'inuention des Armes qu'ils les ont rendues plus communes, &
plus neceſſaires qu'elles n'eſtoient aux ſiecles precedents. Qui
eſt ce qui la trompé. En particulier les Arguments de Blondel
ſõt fort ayſez à reſoudre, car pour le premier qu'il tire des ſçeaux
qu'il pretent n'auoir eſté marquez des Armes des Nobles deũ-
ant l'année 1072. tout ce qu'on en peut conclure eſt que deuant
ce temps les enſeignes de la Nobleſſe eſtoient vrayement *Armoi-*
ries, d'autant quelles ne ſeruoient que pour la Guerre, & les Armes dont elles ont tiré leur nom, & n'eſtoient allors profanées
comme

comme elle ont esté depuis. Et pour ce qui est des Tombes, outre qu'on en pourroit dire la mesme chose, il faudroit qu'elles eussent esté posées soubs vne heureuse constellation, pour auoir peu resister au temps, brulements, incendies, ruines, & desordres causez par le desbordement des Vvisigots, Sarrasins, Normans, Anglois, & aultres Nations Barbares qui ont inondé, & desolé nostre France en diuers temps.

I'espere aussi que vous retracterez ce que vous auez dit en vostre abregé & encor en la page 41. de l'Art verit. Que les Armoiries n'ont esté hereditaires, que depuis le regne de S. Louys. Ce qui est si faux qu'il n'y a rien de plus faux. En tout cas, vous ne sçauries denier la succession continuelle des fleurs de Lys, dans la maison Royale depuis Clouis, iusques à present. Les Armes de Normandie, de Bourgoigne, de Flandres, Touloufe, Champaigne, continuées de Pere en Fils plus de deux cents ans deuant le regne de S. Louys, vous prouuent la mesme chose, & il fault estre bien opiniastre pour s'y vouloir opposer.

De dire aussi que les Armes estoient attachées aux terres & aux fiefs dont on prenoit le nom, & les Armes, c'est vne autre erreur sujette à retractation. Et à cette fin ie vous prie de vous souuenir de vostre definition des Armoiries, par laquelle vous establissez que ces Blasons ont esté inuentez pour distinguer les familles les vnes des autres, d'ou il sensuit que les terres n'ont aucunes Armes que dependamment des familles, & personnes qui les possedent. Que s'il s'est rencontré quelqu'vn qui ait pris les Armes de certaines heritieres, comme le frere du Roy Robert, de Philippe premier, & les enfants de Louys le Gros, ils les ont plustost reçeues de ces heritieres en la personne de qui elles subsistoient que des terres mesme. Ce que ie confirme par deux raisons inuincibles. La premiere que les gentils-hommes dans la premiere & seconde race de nos Roys ne portoient le nom de leurs terres, côme ils ont faict depuis, ce que vous auez obserué vous mesmes. La seconde que les Cadets de famille, qui n'ont rien à ces terres, ne laissent pas d'en porter les Armes. Comme les Seigneurs de Montaigu puisnez de la premiere branche de

K

Bourgongne, & les Seigneurs de Couches, & de Sombernon
puifnez de ces puifnez, qui porterent tous de Bourgongne anciene, auec brizure & fousbrizure, tant que les aifnez durerent:
mais la branche Ducale eftant efteinte, & le Duché paffé auec
l'heritiere aux enfans du Roy Iean, ils en prirent les Armes pleines, quoy que la terre fuft bien efloignée de leur famille.

Tout ce que vous dites en ce mefme lieu, ne fert que pour af-
fermir de plus en plus noftre doctrine, & les changemens que
vous alleguez, pour fauorifer la voftre, la deftruifent entierement. En effect à quel propos auroit-on obferué auec tant d'exa-
ctitude le changement d'Armes de ces cadets de Robert & Philippe premier, des enfans de Louys le Gros : d'vn puifnay de
Flandres, appellé au Comté de Haynaut, d'vn des enfans de
cettuy-là, r'entrant dans l'heritage de Flandres, & quelques années auparauant de Philippe d'Alface, Comte de Flandres, qui
le dernier porta les Armes *Girennées*, dit la vieille Chronique ; car tous les autres depuis Liderik les auoient portees fuc-
ceffiuemět? ce que ie vous prie de noter: Et enfin de tout ces Cô-
tes des Pays bas, qu'on dit auoir quitté leurs Armes de concert
pour prendre des lions. A quel propos, dy-ie, auroit-on tenu re-
giftre de toutes ces mutations, s'il n'y euft eu quelque loy ou
coûtume au contraire?

Mais ie paffe bien plus auant, & vous foûtiens, que chez les
Grecs mefmes les Armoiries ont efté fucceffiues & hereditaires,
comme tout le refte des biens de la Famille. L'exemple d'*Epa-
minondas* eft formel pour cela. Et Paufanias vous a apris, qu'il
portoit vn Dragon, parce qu'il eftoit iffu de la famille des *Spar-
tes*, ou femez de la ville de Thebes, ce qu'il n'eft pas befoin de
vous expliquer. Le mefme obferué d'*Idomenée*, qu'il portoit vn
Coq, oyfeau dedié au Soleil, duquel il pretendoit eftre defcendu. Que fi vous m'oppofez ce qui eft euident, que toutes ces
origines eftoient fabuleufes, ie ne contefteray pas. Mais auffi fau-
dra t'il que vous confeffiez que les fables auoient autant d'autorité fur les Efprits de ce fiecle que la verité mefme. Et vous eftes
trop habile homme pour ne pas fçauoir, ce qu'vn excellent
Hi

Hiftorien a remarqué des cōmencements de la Ville de Rome, où il dit expreffement qu'en matiere d'Origines & fur tout des grands Eftats & des Familles Illuftres, l'on fouffre que la fable fe mefle a l'hiftoire, pour la reuerence de l'antiquité. Vn autre non moins graue dit la mefme chofe des Alemans, *Apud quos* dit il *licentia vetuftatis plures Deo orti creduntur.* Pompée quoy qu'ennemy de Cæfar, ne laiffoit pas de croyre qu'il eftoit defcendu de la Deeffe Venus. Et ainfi comme vous voyez, il ne s'agift pas icy de ce qu'on doit croire de ces fables, mais de ce qu'on en a creu.

Pour reuenir a noftre propos ie trouue que les Latins auffi bien que les Grecs ont affecté les Armes fucceffiues. *Auentin* chez Virgile fe fait remarquer par le Blafon de fon Pere. *Turnus* chez le mefme porte vne vache, parce qu'il eftoit iffu de la Princeffe Io, qu'on a creu auoir efté changée en vn Animal de cette efpece & de ce fexe. Si toutes-fois on y voit, *Helenor* Armé à blanc fans aucune enfeigne ou Armoirie, & comme a dit ce Poëte. *Parmaque Inglorius alba.* Ce n'eft pas a dire qu'aucun ne peut porter Armoiries qu'il ne les euft acquifes par quelque genereux exploit, rien moins que cela. Cét équipage, au contraire eft vne preuue de nos maximes; & vne marque de la prudence du Poëte qui traiéte Helenor en homme de fa condition. Il fçauoit en effeét que ce nouueau Caualier eftoit vn Baftard Fils d'vne Efclaue, defaduoué de fon Pere,& de la claffe de ceux que le Iurifcōfulte Theophile appellé ἀνάτοκος lequel en cette qualité eftoit exclus de la milice, & des Armes que les Eftats biē policez n'ont jamais permifes aux Efclaues hors vne extreme neceffité. Tant fans faut qu'ils euffent peu pretendre aux Blafons, & Armoiries de leurs Peres, que les legitimes mefme s'il faut dajoufter foy aux Romans ne pouuoient porter,qu'au bout de l'an de leur Cheualerie, ne s'en eftimans pas dignes iufques a ce terme. Tant y a que les Baftars, eftoient exclus des biens, & des honneurs de leurs parents par toutes fortes de loix. Vous auez celle des Atheniens chez Demoftene en l'Oraifon contre Macartatus en ces termes. μηδὲ

μηδὲ νίδη μὴ ἄυαι ἀλχισάαν μετὰ ἱμῶν μηδ᾽ ἱελω;car côme ils font céfez fans peres, auffi n'ont-ils aucune parenté,ny par confequent droiƌ de fucceffiõ. Les Turcs,qui font les finges des Iuifs,tiennẽt pour baftards les enfans de leurs concubines, & ne partagent point aux biẽs de leurs parens.Ie ne vous dis rien du Droiƌ Romain;car ie remarque, que vous vous efcrimez du Digefte & du Code, ce qui me donne vne penfée,que ie ne veux pas dire.Chez nous les Baftards ne peuuent pretendre que les aliments : & pour le fait des armes dont il s'agit prefentement, ils en ont efté long-temps exclus;vous auez obferué ce que du Tillet en a efcrit au fuiet d'Amaury de Montfort, & partant l'exemple d'Helenor , & le vers de Virgile bien entendu,n'empefchent point que les Armes n'ayent efté hereditaires dés ce temps-là.

Ie ne doute point auffi, que vous ne remettiez à la forge voftre definition du Blafon, pour laquelle vous auez eu tant de complaifance, & fur laquelle voftre Art veritable eft appuyé, & affermy comme vne meule de moulin, fur la pointe d'vne aiguille. En premier lieu, il n'eft pas neceffaire, & n'eft veritable en effet, que les Armoiries foient compofées de couleurs, & de metaux, vous en demeurez d'accord vous mefme, & dans la practique nous auons plufieurs blafons de metal feul, ou de couleur feulement, ou de l'vne ou l'autre des deux pennes fans aucune autre figure.

Secondement fi elles font hereditaires, comme nous pretendons qu'elles ont toûjours efté, c'eft contre vos maximes, car vous enfeignez ailleurs qu'elles n'ont cette qualité,que depuis le temps de S.Louys,ainfi les propofitions contenuës en voftre definition, ne feroient pas d'vne verité conftante & eternelle.

Item, il n'eft pas neceffaire, qu'elles foient données, ou autorifées par le Prince, autrement vous deuez paffer l'efponge fur ce que vous auez efcrit,enfeigné,repeté,& rebatu en diuers lieux de voftre ouurage, que les Armoiries font figures de caprice, d'imagination, & de fantaifie, ce qu'eftant veritable, comme il n'en faut point douter, vous deuez plûtoft rayer cette differen-ce de voftre definition,laquelle d'ailleurs eft autant inutile,com-

me

me elle eft injurieufe à la bonne & ancienne Nobleffe. Ce qui
s'entendra mieux , fi vous prenez garde, qu'en tous les Eftats,
& en France principalement il fe rencontre trois differents de-
grez de Nobleffe.

Le premier eft, de ceux qui tirent cét auantage de la nature, &
de leurs parents, qui leur impriment cette qualité excellente,
appellée des Grecs ἔμφυτα. Le fecond eft , de ceux qui fe font
fignalez par les armes, & par les lettres, & qui fe font efleuez aux
premieres charges de la milice ou de la Robbe. Le troifiéme eft,
de ceux qui fe defiants de leurs merites ont recours au Prince,
afin qu'il fupplée par fa toute puiffance, ce qui manque a leur
origine. Et c'eft de ceux-là feulement que vous auez peu dire,
que les Armes font données ou autorifées par le Prince. Car
pour les feconds ils s'annobliffent eux-mefmes pour ainfi dire,
par leurs rares vertus politiques, ou militaires, qui les approchent
de la perfonne du Prince, de la compagnie duquel ils contractent
ie ne fçay quels brillants de fplendeur & de lumiere , qui font
plûtoft des declarations de la Nobleffe de ces grands Genies, que
des annobliffemens, dont ils n'ont pas befoin.

Quant aux premiers ils fe portent bien plus haut, & ne fei-
gnent point de dire, qu'ils font Nobles comme le Roy. Ce qui fe
doit entendre de ces Familles Aborigenes; dont l'antiquité eft fi
haute, & fi reculée de noftre cónoiffance, qu'on n'en fçauroit dé-
couurir la fource, non plus que du fleuue du Nil. Or ceux-là font
de deux fortes, car ou ils font indigenes & Autoctones, comme ceux de Montmorency, de qui les anciens Herauts auoient
accouftumé de dire, Montmorency premier que Roy en France.
Où ils font venus d'ailleurs, & decendus de ces braues, qui accó-
pagnerent nos premiers Alexãdres à la conquefte de l'Occident,
& fe font ceux-cy proprement, qui fe peuuent vanter d'eftre Nobles comme le Roy. Certes fi chez les Allemans , dont nous tirons noftre origine, les Roys eftoient choifis du corps de la Nobleffe; tous ceux de cet Ordre, pouuoient en quelque maniere parier auec le Roy, puifqu'ils pouuoient tous afpirer à la
Royauté, & eftre Roys en effet. D'où il s'enfuit, que ces gran-

L

des, illuſtres & anciennes familles, indigenes, ou eſtrangeres, dont nous auons pluſieurs beaux reſtes dans toutes les Prouinces du Royaume, ne reconnoiſſent aucun Auteur de leurs Armes, que ce que vous appellez caprice, imagination, ou fantaiſie.

Enfin il n'eſt pas veritable, que les Armoiries ayent eſté priſes, pour diſtinguer les Familles, mais plûtoſt pour diſcerner les membres particuliers de ces familles. Car encore qu'en ſubſtance tous ces particuliers portent meſmes Armes, ſi eſt-ce pourtant qu'elles eſtoient diſtinguées & differentiées par certaines marques appellées *brizures*, qui appliquoient & approprioient ces Armes à cettuy-cy, ou à cettuy-là, & le diſcernoient de tous les autres membres de la Famille en general, & de chacun d'eux en particulier; iuſques là meſme, que du temps de la Marche, qui ne parle que de ce qu'il a veu, le fils aiſné d'vne Famille ne portoit les armes de ſon pere qu'auec difference, dequoy ie ne m'étonne pas. Car les armes ayans eſté inſtituées pour faire à la guerre ce que les noms & prenoms dans les affaires domeſtiques, & d'ailleurs le pere & le fils ſe pouuans rencontrer dans vn meſme combat: Mais ie paſſe bien plus auant toute vne vne compagnie pouuant eſtre compoſée de freres, oncles, neueux, & couſins, comme il arriua autresfois à Rome à la guerre des Vejentins, que la ſeule Famille des Fabiens prit ſur ſes bras, ne falloit-il pas de neceſſité, qu'il y euſt quelque diſtinction dans les Armes, pour diſcerner le bon du mauuais, le genereux du lâche, le vaillant du temeraire, à faute dequoy, comme tous ceux d'vne grande Famille auroient peu s'attribuer l'honneur d'vne action heroïque executée par vn particulier, auſſi auroient ils couru fortune d'eſtre tous notez d'infamie pour la poltronnerie d'vn ſeul, ſi leurs enſeignes euſſent eſté abſolument ſemblables.

Peut-eſtre auray-ie eſté trop long en l'examen de cette belle definition, mais encore ſuis-ie obligé de vous dire vn mot de voſtre diuiſion des Armoiries, & vous aduertir que les Armes que vous appellez de domaine, ne ſçauroient conuenir a l'Empereur, qui n'en a aucun depuis Charles IV. & n'en peut auoir

à l'ad

a l'aduenir en qualité d'Empereur. Les loix Impesialles ne luy
permettants pas de s'appliquer, les terres confisquées, & mises
au ban Imperial, comme on parle en Alemagne. Charle cinq-
uiesme sçauoit bien cecy; aussi se moquoit ils des Alemans qui
se faisoient feste de cette dignité, & leur sceut fort bien dire,
que ce qu'ils estimoient tant, ne luy apportoit que des inquie-
tudes, & que sans le reuenu de ses Païs bas, il n'auroit pas eu dequoy entretenir sa Table. Vous pouuiez donc mieux dire que les
Armes de l'Empire, sōt plutôt marques de Dignité que celles des
Electeurs, principalement des Ecclesiastiques dont l'honneur
n'est pas si nud, qu'il n'apporte auec soy vn domaine bien asseuré, & des places d'Armes à l'abry desquelles, ils se maintiennent
en paix au milieu des orages qui agitent assés souuent, les peuples
de la Germanie. Ie ne dis rien des autres membres de cette belle diuision qui bien examinez, reuiennent presque tous à vn, outre que la connoissance de toutes ces choses suppose bien d'autres principes que ceux des Armoiries.

Au reste ie n'ignore pas que vous n'ayez des Auteurs pour
appuyer ce que vous auez dit de la pourpre. Mais ie vous peus
bien asseurer que ce ne sont pas les meilleurs. Et comme la pratique des anciens au fait des Armes, est a preferer a la Theorie
des modernes, vous ne sçauriez manquer de vous retracter en
ce point, & de restablir cette couleur Armorialle que vous auez
ostée a nos Herauts sans fondement asseuré. Prenez donc garde,
que s'il y a eu quelque ambiguité pour les Armes de Leon en
Espaigne, elle ne prouient que de l'ignorance de vos Auteurs
Espagnols qui nont sceu distinguer le pourpre, du rouge. Certes
Messieurs de sainte Marthe qui ont en main les meilleurs regi-
stres des plus anciens Herauts, blasonnent constamment cét
Escu de Leon, D'argent a vn Lyon de pourpre. Quoy qu'il en
soit, personne n'a jamais douté de celles de Rodez qui entrent
en celles d'Armaignac, & sont de pourpre à vn Leopard rampant d'or. Que si le Feron les Blasonne autrement en l'Escusson d'vn Bastard de cette maison, qu'en celuy du Connestable,
c'est vne faute d'imprimeur qui a deu estre corrigée par le Sieur
                                                    Gode-

Godefroy, de l'autorité de Messieurs de sainte Marthe qui Blasö-
nent ce Bastard comme le Connestable sauf la Bastardise, 2. vol.
de l'histoire de France liure 15.chapitre 7.& liure 21. chapitre 3.
Nous auons assez d'autres Blasons,où cette couleur est emploiée
tant en France qu'ailleurs. Saint Leger par exemple, & Gaste
Luppé que nous auons Blasonnez dans nos Origines. Lacy en
Angleterre, de gueulles a vn Lyon de pourpre. Pembrok d'or
party de sinople a vn Lyon de pourpre brochant sur le tout. Richard Plantagenest Fils d'Edmund de Langley Duc Dyork,
d'Angleterre, a la bordure d'argent chargée de huict Lyons ram-
pás de pourpre.En Allemagne l'escu de Haute Saxe est si illustre
qu'il est capable de fermer la bouche a tous nos brouilleurs de
papier il est de pourpre,a vn cheual gay contourné d'Argent.Ki-
bourg d'or a vne fasse de pourpre entre deux filets de mesme,
Bendorph en Misnie comme Lacy cy-dessus, les Purpuraty de
Piedmont d'or ou d'argent à trois coquilles de pourpre, &c.

Que s'il est question de la theorie, vous ne vous-y trouuerez
pas mieux fondé. car d'vn costé il n'est point vray, que la pourpre vulgaire des Peintres,soit vn composé, resultant du meslange des autres couleurs, comme l'a creu Sicile le Heraut. En effet la seule laque & l'azur suffisent auiourd'huy pour cela. Et
l'ancienne pourpre du temps passé, qui estoit si pretieuse, se faisoit du sang & de la substance seule du petit coquillage, appellé
Purpura. Et d'ailleurs le Heraut Sicile nonobstant ce meslange
imaginaire ne reiette pas cette couleur, dont l'existence & la dignité est assez bien establie par la deposition de toute l'antiquité,
& par consequent.

Tout cecy, Monsieur, regarde la science en general ; en particulier vous reparerez l'honneur de quantité de Familles illustres que vous offensez mal à propos dans vostre Preface. C'est
là que vous formez vne plainte indiscrete,de ce que l'enclume &
les marteaux se trouuent sous le Diademe,aussi bié que les aigles
& les lions : comme si vous vouliez dire,que ces instrumens me-
chaniques fussent indignes des Armoiries, & de l'honneur des
couronnes que les Nobles se sont acquises dans les Armes, &

par

par ces marteaux mefmes, dont leurs blafons font ornez , &
decorez.

Or en ce poinct vous errez contre les principes tant de fois alleguez , & vous deuez reconnoiftre , que fi les Armes font figures de caprice ; il n'y a rien en la nature , qui ne puiffe entrer dans
la compofition des blafons les plus illuftres. C'eft ce que vous
auez dit fi elegamment en ce mefme lieu , que l'Art du Blafon
par vne adreffe ingenieufe , & qui furpaffe tous les efforts de la
Chimie , fçauoit tirer les marques plus glorieufes de l'honneur & de
l'eftime, des môftres & des difgraces de la nature. Apres quoy il faut
eftre bié eftourdy pour s'emporter côme vous faites à trois perio-
des de la côtre des Blafons, que vous appellez mal conceus, & des
images barboüillées, parce qu'il s'y rencontre des marteaux & des
enclumes. Reuoyez vos liures, ie vous prie , & quant vous aurez
apris que les ferpents , lezards , crappaux , & les infectes mefme iufques aux mouches, tauans, Grillets, farfalles, &c. Er pour
ne pas oublier voftre meftier & le mien, que tous les inftrumens
du labourage , & de la mufique , comme chariots , focs de char-
ruë , rateaux, pioches, pelles, faux , ruftres, violons, harpes , flû-
tes , fifflets de Chauderonnier. Quant vous verrez, dis-ie, que
tous ces inftruments font receus en Armes, peut-eftre , ne reiet-
terez vous pas les marteaux qui font fi neceffaires , en paix &
en guerre.

En effet pour ne parler des enclumes , que ie n'ay point veües
en Armes, fi vous confiderez les marteaux comme inftruments
de mechanique ; ie ne vois pas qu'ils foient tant à mefprifer. En
cette qualité , ils feruent aux marefchaux , & à cent autres arti-
fans. Le prouerbe fait connoiftre l'importance de ceux-là dans
les factiôs militaires, faute d'vn clou, vn fer, faute d'vn fer vn cheual, faute d'vn cheual vn homme, & à faute d'vn homme fe perd
vne bataille , dont s'enfuit la ruyne & la defolation d'vn Royaume. Enfin fouuenez vous, que vous auez donné des fuzeaux , &
des deuidoirs à nos braues, & vous ne leurs ofterez pas les marteaux des mains , quand ce feroit pour forger. Certes, Monfieur,
les lys ne filent point , mais on les a bien veus forger, & i'ay leu

M

auec plaifir, & entendu reciter à ceux qui l'auoient veu, que noftre Roy Charles neufiéme n'auoit point de plus grand diuertif-
fement que de forger vn fer de cheual, & de l'affeoir luy-mefme,
ce qu'il faifoit auec tant de grace & d'induftrie, qu'il donnoit de
l'admiration à ceux-la mefme qui en faifoient meftier. Tant y a
qu'il auoit fait edifier vne forge dans la Cour du Louure, où il
forgeoit & battoit le fer de fes Royales mains.

Le Seigneur de Giury du nom & des Armes d'Anglurre
auoit vne paffion non moins genereufe & martiale que ce Prince,
qui eftoit de forger vn roüet de piftolet ou d'arquebufe, Armes
fort neceffaires à la caualerie legere, dont il eftoit Colonel. Mais
ces exemples quoy que fignalez ne vous toucheront peut-eftre
pas tant que celuy d'Alphófe premier, Duc de Ferrare, qui ne s'a-
mufoit pas à de roüets de carabine, ou de piftolet, il auoit logé
fes inclinations plus haut, & s'eftoit addonné à l'artillerie auffi
bien que vous, de maniere qu'il faifoit toutes fortes d'affuts de canon, ce qui ne fe pouuoit pas faire fans maillets & fans marteaux.

Voila, Monfieur, ce que vous pouuiez obferuer touchant ces
inftruments, en tant qu'ils feruent aux méchaniques. Que fi vous
les confiderez comme des Armes de noftre ancienne milice, vous
les verrez eleuez à vn bien plus haut degré d'honneur & de gloire. Le grand Charles, tige premiere de nos Carlouingiens, a efté
appellé Martel de ce genre d'Armes duquel volontiers il fe feruoit en guerre. Et fi nos Conneftables, dont vous n'ignorez pas
le credit & l'authorité dans l'Eftat, l'ont bien voulu porter pour
marque de leur dignité, qui a-t'il de plus illuftre, de plus glorieux
& de plus digne de nos Armoiries? Le Fauffart, dont Matthieu de
Montmorency fit tât de merueilles à la bataille de Bouines, eftoit
vn de ces marteaux, d'autant plus neceffaires en ce temps, que nos
Gendarmes eftoient couuerts de fer depuis la tefte iufques aux
pieds, à raifon dequoy noftre Froiffart M. S. les appelle toûjours
armures de fer, de forte qu'il les faloit charpenter & affommer à
coups de maffes, comme le Cenée de la fable, ou comme ces Autunois dont nous parlions tantoft.

Il ne faut donc plus s'eftonner fi quantité de bonnes familles
de

de France,& d'ailleurs en portent le nom & les Armes, comme
les Seigneurs de Fontaines & de Baqueuille en Normandie, qui
se flattent de la parenté du grand Martel. Il y en a vne autre
en Dauphiné qui porte ce nom dont les Armes ne sont pas
equiuoques. Comme au contraire il s'en trouue plusieurs autres, qui en ont les Armes sans en porter le nom. Ceux d'Ancien-
uille en Beausse sont de ce nombre.Les la Farge en Auuergne de
mesme, dont le nom témoigne que leurs marteaux tiennent plus
de la forge que de la milice;ce qui me fait souuenir des Sargettes
de la Colombiere,qu'il represente comme des Brochoirs de Ma-
reschal & me fait croire, qu'il faut lire Fargettes dans le Liure de
Grenoble,duquel il les a empruntées. Quoy qu'il en soit,nous ne
māquōs pas de marteaux & de maillets en Armes. Gilbert de Va-
rénes vous en a donné plusieurs.Et il y a lieu de s'estōner,qu'ayāt
fait vne bibliotheque des seuls Auteurs du blason,vous n'y ayez
pas remarqué l'estime qu'ils font de cettuy-cy. Mais que vous
l'ayez condamné,c'est ce que ie ne pourrois pas comprendre, si ie
n'auois cent exemples de vostre precipitation en diuers lieux de
vostre ouurage. Ie n'iray pas loing pour en faire la preuue. Ie ne
sors point de vostre Preface,où vous pestez cōtre les Trefles & le
Geneft,& rangez parmy les infamies les choses mesmes dont nos
Roys ont fait leurs delices,& les instrumens de leur gloire. Rou-
gissez donc si vous pouuez M. M. & apprenez que les genests ne
sont pas tant infames que vous vous estes imaginé, puisque nō-
stre S.Louys en a bien voulu faire vn Ordre de Cheualerie,dont
le Colier d'or estoit entrelassé des cosses & du fruict de cette noble plante,toûjours belle,toûjours riante, & toûjours agreable
par cette gaye verdeur, dont elle est perpetuellement reuëtuë.

Or encores que ceste plante arborescente soit tres vtile à raison
des diuers ouurages que l'on en faict, & entr'autres des souliers
de corde, que le Roy de Nauarre Dom Sance Abarca voulut
bien mettre dans ses armes,ie ne vois pas pourtant que ny la
plante, ny la fleur soient fort commūnes en armoïries, & pour
vous dire tout simplement ce que i'en ay appris, ie ne sçache que
la seule maison de Genas, originaire de ce lieu de Lyonnois qui
s'en

s'en foit armée. Elle porte d'argent à vne plante de Geneft diuerfement entrelaffée de finople, efcartellé de gueulles, à vn
Aigle d'argent. Et ainfi ie ne vois pas qui auroit peu emouuoir
voftre bile contre vn Blafon tant rare, ou contre cette illuftre
plante qui en eft le principal ornemét. Mais quát il feroit plus fre-
quét, & que cette maifon de Genas autresfois puiffante en biens,
& en honneurs poffederoit aujourduy des Comtez, Marquifats,
& Duchez, qui luy dōnaffent droit d'orner fes Armes du Cercle,
Chappeau ou Couronne quel inconuenient y auroit-il? Et que
trouuez vous en cette plante qui la rende inferieure à la vece des
Babous, aux feues des Fauäs, au chanvre des Valpergues, aux
chardons des Ducs de Cardonne, à la ruë des Ducs de Saxe, à la
fougere des Princes d'Antioche, aux orties des de Lugo, fans parler de toutes forte de feüilles, de houx, de chefne, de pas d'afne,
&c. qui fe rencontrent en Armes.

Aduoüez la verité, vous eftiez de mauuaife humeur lors que
efcriuiez cecy, & cette facheufe cōjonĉure à efté caufe que vous
vous en eftes pris aux trefles que vous traitez auec autant d'inci-
uilité que le Geneft, au preiudice de quantité de maifons l'Iflu-
ftriffimes qui ont tenu à honneur d'en parfemer leurs Bannieres, Efcus & cottes d'Armes.

Celle de Clermont en Beauuoifis, tant celebre dans noftre
hiftoire fous les noms de Clermont, Neelle & Offemont en vault
toute feule vne centaine d'autres. Ayant donné à la France vn
fi grand nombre d'Officiers de la couronne, que c'eft merueille
qu'vne perfonne fi ftudieufe n'en ait eu quelque connoiffance.
Raoul de Clermont Conneftable fut tué à la funefte bataille de
Courtray. Iean de Clermōt Marefchal de France mourut à celle
de Poictiers, ce que Froiffart n'attribue pas tant au fort des armes
qu'à la querelle qu'il eut deuāt le cōbat auec Ieã Chádos Anglois
à l'occafion de leurs deuifes, qui par hafard fe trouuerét femble-
bles, tant il eft veritable que les armes & deuifes dependent plus
du caprice que d'autre chofe. Tant y a que ce rencontre, vous auroit donné dequoy remplir vn chapitre du traiĉé que vous aués
tout preft fur cefte matiere des deuifes, fi vous auiés voulu prendre la peine de lire cet auteur.   mais

Mais puis qu'il eft principalement queftion du Blafon de cette Famille de Clermont-Neelle, nous le decrirons icy. Il eft de gueulles femé de trefles d'or a deux Bars adoffez de mefme. Ce qui eft fi beau, que quantité de Familles illuftres l'on fait reuiure dans leurs Armes apres l'extinction de celle de Clermôt Iacque de Villiers Preuoft de Paris, Frere de Iean Marefchal de France & Cheualier de la Toifon; en la maifon duquel celle là eftoit fonduë, en efcartella fes Armes. Le dernier Conneftable de Montmorancy heritier d'Anne, à qui tous les biens de ces deux maifons eftoient efcheus; ce Conneftable dis-ie qui n'a-uoit qu'vn feul fils de fa premiere femme voulut bien qu'il por-taft le tiltre de Comte d'Offemont, & pour Armes, de Mont-morency chargé en cœur de Neelle Offemont, d'autant que cette terre eftoit de l'heritage de Clermont-Neelle. Le Maref-chal de S. Luc Cheualier des deux Ordres, en efcartella auffi fes Armes a raifon de quelque alliance.

Que vous en femble ces exemples, fuffiroient ils pas pour def-fendre l'hôneur des trefles, & de ceux qui les portent? Il y a bien de l'apparance. Mais comme vous ne vous rendes pas au premier coup, ie vous en apporteray encore quelques autres qui font affez capables de faire honneur aux trefles. L'Illuftre maifon de Birague qui eft tout ce qui refte a la France, de fes conqueftes du Milannois, porte d'argent a trois faffes bretecées à double de gueules, chargées de trefles d'or fur les pignons. Les Montaignes de Gafcongne, de gueules femé de trefles d'or à vn pied de Grif-fon de mefme, mouuant du fecond Party: Nous en auions ils n'y a pas long temps vn Euefque de Bayonne, parent de Mi-chel homme celebre, & autant Illuftre par fes doctes efcrits, que par fon extraction. Montendre, de gueules femé de trefles d'or au lion rampant de mefme. Nous en auons plufieurs autres tres-confiderables, en la prouince de Dauphiné qui portent des trefles comptez. Les la Faye, il y en à eu deux Abbez de Saint Ruf Chef d'Ordre, le dernier eft encore viuant ce qui m'empefche de dire ce que ie fçay de cette maifon qui eft tres-bonne, ils portent de gueules à trois trefles d'or. Les Reuol, il y en auoit vn Euef-

N

que d'Aurenge, il y a plus de trois cents ans, & de nos iours vn
Secretaire d'Eſtat, ils portent d'argent à trois trefles de ſinople.
Les Miſtrals dans la meſme Prouince, d'Azur à vn Cheuron d'or
chargé de trois trefles de ſinople.

Il ſeroit aiſé d'en faire icy vn plus long Catalogue, mais ie me
reſtraints à deux familles, dont le luſtre & l'éclat obſcurcit la
lumiere de toutes les autres. La premiere eſt des Bellievres, originaires de voſtre Ville, qui portēt d'azur à vne face d'or, accompagnée de trois trefles de meſme, deux en chef, & vn en pointe.
Trefles glorieux, certes, quoy que vous diſiez, & à qui iamais
perſonne n'enuia l'honneur, & la gloire qu'ils ont euë de ſe voir
ornez & reueſtus de la pourpre, & de l'hermine, ſur tout en la
perſonne de Pompone, premier du nom, Chancellier de France,
fils de Claude, premier Preſident au Parlement de Dauphiné, &
grand pere de Pompone ſecond, premier Preſident au Parlement
de Paris mort en la fleur de ſon âge, & en vne reputation, qui
ne dementoit point ſon origine.

La ſeconde, eſt celle des du Prat Nantoüillet, qui porte d'or à
vne face de ſable à trois Trefles de ſinople, dans laquelle vous
auez peu remarquer Antoine, premier Preſident, Chancellier,
Cardinal, Legat *à latere*, Archeueſque de Sens. Deux autres
Antoines, Preuoſts de Paris, dont le dernier eut l'honneur d'e-
ſtre enuoyé en Angleterre pour aſſeurance du traité du Cateau
Cambreſis en ce qui regardoit cette couronne. Et enfin le grand
& magnifique Eueſque de Clermont Guillaume du Prat, qui a
tant fait de bien dãs ſon Dioceſe, que la memoire en durera eter-
nellement. Vous aymez les Deuiſes, & en faites amas; ie vous
veux donner la ſienne, que peut-eſtre vous ne ſçauez pas. Elle
eſt tirée du premier Pſalme de Dauid, verſ. 4. *Et folium eius non
defluet.* Oracle indubitable de la couronne immortelle de gloire
qu'il s'eſt acquiſe en ce monde icy, & en l'autre, par la conſtru-
ction, dotation & fondation de tant de beaux Hoſpitaux, Mo-
naſteres, & autres Lieux ſaincts par luy dediez & conſacrez au
ſeruice de Dieu, & du public dans tout ſon Dioceſe. Mais tout
cela n'eſt rien au prix de ce qu'il a fait pour le Royaume en general,

ral,qui luy eſt redeuable de tout le bien qu'il a receu , & qu'il reçoit iournellement des Reuerendiſſimes Peres Ieſuites. En effet
c'eſt ce grand Prelat , qui les luy a amenez du Concile de Trente , où il eut le bon-heur de les connoiſtre. C'eſt luy meſme qui
les a logez,meublez, & dotez auec vne magnificence, digne de ſa
pieté & de ſon zele dans les villes de Billon,& de Mauriac en ſon
Dioceſe. C'eſt luy enfin qui les a eſtablis dans la Capitale du Royaume,leur ayãt cedé ſon Hoſtel de Clermõt,en la ruë de la Har-
pe,& trois mille liures de rente, d'où depuis ils ſe ſont trãsferez en
la maiſon dite vulgairemẽt la Cour de Langresruë S. Iacques,au-
iourd'huy appellée le college de Clermõt en memoire de cet illuſtre Prelat. Que ſi apres tout cela,vous ne ſçauriez auoir la moindre petite complaiſance pour le blaſon de tant de grands hommes ,& que leurs trefles ne puiſſent paſſer en voſtre eſprit, que
pour des infamies, quel peut-eſtre le priuilege de ie ne ſçay quels
Chaillots, en faueur de qui vous introduiſez ces meſmes trefles
dans le Temple de l'honneur, c'eſt ainſi que vous appellez vôtre
liure,& d'où vient que n'y ayant put ſouffrir ceux de qui nos Roys
ont couronné le merite, (car vous n'exceptez qui que ce ſoit,)
plus puiſſant que les Souuerains, vous-y receuez des perſonnes,
dont le nom & la famille ne ſont pas preſque connus , tant s'en
faut qu'ils approchent de la dignité ,& de l'excellence de ceux
que vous auez notez & fleſtris en tant qu'en vous eſt par voſtre
indiſcretion.
 Voyla Monſieur vn petit eſchantillon des retraétations que
vous auez à faire, car ie ne traite pas les choſes à fons. Vous vous
en aquitterés mieux vous meſmes, comme vous me le faiétes eſperer. C'eſt pourquoy ie reprens la ſuitte de voſtre lettre, ou vous
me donnez vne eſtrãge nouuelle.Que le *Manchon* des armes de
Villiers ſe treuuera vn Fanon,ce qui ne ſe peut faire,ſans quelque
miracle des terreaux , mais quoy qu'il artiue. Il ne peut y auoir
que de la confuſion pour vous En effet ſi ce *Manchon* de Villiers
deuiét vn Fanon,que vouliez vous dire en la page 409.de voſtre
liure, ou vous enſeignez que la *Deſtrochere* de cet eſcu de Villiers
eſt vne pante de manche que les femmes portoient autrefois. Or

ſi

ſi ceſte pente de manche ſe trouue vn Fanon où Manipule , qui
eſt vn ornement Eccleſiaſtique , voudriez vous dire que les Dia-
coniſſes de la primitiue Egliſe ſe ſeruiſſent de Fanons dans leurs
miniſteres, comme nos Diacres & Souſdiacres ? Vous vous en ex-
pliquerez quand il vous plaira, & cependant, ie m'efforceray de
vous monſtrer que la piece dont eſt queſtion dans les armes de
Villiers eſt vn Manchon ou bout de manche, & qu'elle n'eſt, &
ne peut eſtre vn Fanon ou Manipule, encore que tous ceux qui
ont eſcrit des armes depuis Iean le Feron l'ayent repreſentée en
ceſte forme.

Ie dis que c'eſt vn Manchon ou bout de manche des anciens,
dont la couſtume eſtoit de porter les manches de leurs robbes,
plus longues que le bras, comme il ſe pratique encore aujour-
d'huy en Italie, & en France, & de les laiſſer pendre au deſſous du
poignet, ou de les retrouſſer ſur le bras, ſe qui ſe juſtifie par les
anciennes peintures, & par le chap. 45 du Concile de Conſtance
auquel ces ſuperfluitez qui auoiét paſſé iuſques aux Clercs furét
condamnées & defenduës. Or que la piece de queſtion en cet eſcu de Villiers ſoit de ceſte nature, il ſe collige de ce que le bras
eſt reueſtu d'vne meſme eſtoffe, que celle de la piece qui pent au
deſſous, c'eſt à dire d'vne manche coupée & pendante d'hermines, ce qui ne ſeroit pas neceſſaire, ſi ce pendant eſtoit vn Fanon
ou Manipule.

Ie monſtre dailleurs que ceſte piece ne peuſt eſtre vn Fanon
ou manipule, d'autant qu'elle eſt au bras droit. Ce qui ſuffit pour
vous cõuaincre de la verité de ce que nous auons dit, à quoy con-
tribuera beaucoup la connoiſſance de l'vſage de ceſte piece qui
ne ſert plus aujourd'huy que d'ornement. Nous apprenons donq de
tous les Auteurs qui ont eſcrit des Offices Eccleſiaſtiques, que
ce qui eſt maintenant appellé Manipule, eſtoit autrefois vn mou-
choir, *ad extergendam pituitam & oculorum lippitudinem.* Voyla
pourquoy il eſtoit auſſi appellé *Mappula,* cõme nous apprenós du
Regiſtre de S. Gregoire, où ie remarque que ces Mappules n'e-
ſtoient permiſes qu'aux ſeuls Diacres de l'Egliſe Romaine. Quoy
qu'il en ſoit, ce que l'on appelloit à Rome *Mappula,* les François
&

& Alemans le nommerent, Fanon, d'vn nom de leur pays assez conforme à cettuy-là. Car ce terme Fanon ,en Aleman signifie vn Drappeau , ce qui est bien plus propre pour nettoyer les yeux qu'vne piece de fourrure ; De là vient aussi que nos enseignes militaires,qu'on appelloit autresfois, Fanons & Confanons sont encores aujourd huy nommez Drappeaux. Ce qui faict voir que vous estes bien de vostre Pays , lors que vous dites , que ce mot Fanon, signifie *vn Pendant* , & que pour cela la peau, qui pent sous la gorge des bœufs s'appelle vn Fanon. Car s'il est ainsi que ces peaux soient nommées Fanons comme dit vostre Nicot, c'est plûtost par ce qu'elles ressemblent à vne piece de drap ou de toile, qu'à cause qu'elles descendent en bas. Ce que l'on pourroit aussi bien dire de la queüe de ces animaux que de cette partie de leur corps , appellée en Latin *Palearia*.

Au reste ie vous redoute fort peu , pour ce que i'ay escrit des Armes des anciens Seigneurs de la Vallette en forez,dautant que ie n'en ay parlé que sous condition , au moyen dequoy ma coniecture est hors d'atteinte. Mais si ie prenois la peine d'examiner les vostres i'en trouuerois bien de plus mal tirées , & en bien plus grand nombre. Vous vous contenterez de celles cy que vous r'habillerez à la prochaine edition.

Vous escriuez que la Ville de Reims porte vn Oliuer en ses Armes, pour marque de l'huile celeste de l'onction de nos Roys, dont elle est depositaire, c'est vostre coniecture, & la verité est, que les Armes de cette Ville sont équiuoques & parlantes, & qu'elles ont esté dressées sur son nom , lequel comme il est prononcé signifie des Raims i. e. rameaux ou rainseauls. En Picardie & Champaigne on appelle vn rameau vn raim,de *Ramus*,vn Hameçon vn Haim , de *Hamus* , &c. Le Seigneur de Beauraim en vulgaire s'appelle , *De Bello ramo* , dans les tittres. Et ne sert de dire que Reims vient de *Remi* , & non de *Rami*. Vous estes Lyonnois, & deuez sçauoir que la ville de Lyon ne se dit pas *Leo* en Latin, celle de Leon en Espagne non plus. On n'appelle pas aussi la Prouince de Galice au mesme pays *Calix*, ny la Ville & Comté de Rhetel *rastrum*. Et neantmoins les Villes de Lyon, &

O

de Rethel, & les Prouinces, ou Royaumes de Leon, & de Galice ont receu des Armes de ces noms vulgaires, bien que les Latins en soient fort esloignez.

Ce que dit Leunclauius des Frangipanes de Rome, & de l'origine de leur nom, est memorable à ce propos. Il rapporte, que ces Seigneurs ayans passé de Rome en Dalmatie, les habitans du pays voyans leur equipage qui estoit magnifique s'escrierent en leur langue, *Franki-pani*, *Franki-pani*; c'est à dire, *Domini Franci*; Ce qu'ayant esté depuis corrompu en *Frangipani*, on leur auroit forgé là dessus des Armes equiuoques, qui sont d'azur à deux lions affrontez d'argent, (le Roy d'Armes dit deux mains,) rompans vn pain en deux pieces, d'or: comme si quelqu'vn de cette Famille auoit merité ce nom & ces Armes pour auoir fait de grandes aumônes, & distribué grande quantité de bleds, & de pain dans vne grande famine.

Vous faites aussi vne fort solide coniecture sur le nom & les Armes de la famille imaginaire de *Refsis*, que vous croyez estre vne *Scie*, laquelle cette famille auroit prise pour faire allusion au nom de *Refsi*, qui signifie vne Scie en Dauphiné, d'où vous pretendez qu'elle soit issuë. Ce qui est impertinent en toutes manieres: car en premier lieu, il n'y a point de maison en Dauphiné, qui porte ce nom de Refsis. La terre mesme de Refsis est situëe en Beaujollois. Secondement les Seigneurs de cette terre s'appellent *de Salemart*, famille ancienne de quatre cents ans; & ce vous est vne faute assez ordinaire, de confondre le nom de la terre auec celuy de la famille. Ainsi vous prenez *Sainct Vallier* pour *Poictiers*, dont vous auez corrompu les Armes, elles sont d'azur à six Bezants d'argent au chef d'or, *Balleure*, pour *Sainct Iulien*, *Sourdis* pour *Escoublean*, l'Escherene pour *Chabodi*, où vous faites deux erreurs. Car la maison des Chabods, n'est pas celle de l'Escherenne, bien qu'elle en ait possedé la terre. Et l'Escherenne n'est pas celle des Chabods. Et ny d'vne, ny l'autre ne sont estaintes, comme vous auez dit. La maison de *Chabodi* subsiste encore auiourd'huy, & le Sieur Marquis de sainct Germain, Plenipotentiaire de Sauoye en l'Assemblée

blée de Munfter en tient l'Aifneffe. La Maifon de l'Efcherenne d'vn autre cofté eft encores fus pieds en la perfonne du fecond Prefidét de la Chambre des Comptes de Sauoye, du nom & des Armes de l'Efcherenne. Conclufion, ce que vous pretendez eftre vne Scie en l'Efcu des Salemars, Seigneurs de Reffis, eft vne ban-engreflée des deux coftez, ce qui ne paffera iamais pour vne Scie, ou vna Reffi en François, ou Dauphinois : car, comme vous fçauez, nos Scies ne font pas engreflées, ains endentées, & d'vn feul cofté, comme les faces de l'Efcu de Coffé, qu'on appelle auffi feüilles de Scie. Et l'Efcu de Salemard, afin que ie vous die eccy en paffant, eft couppé d'argent, & de Sable à vne bande, en-greflée de l'vn en l'autre.

La coniecture que vous faites fur le nom de *Mellufine*, n'eft pas moins docte. Vous dites, que ce nom auroit efté forgé & attri-bué à vne Dame de Poictou, parce qu'elle poffedoit les terres de Melle, & de Lufignam. Et nous apprenons de l'Hiftorien des Comtes de Poictou que ces deux terres, ne fe font iamais trou-uées vnies dans vne mefme Famille, comme il ne fe trouue au-cune Dame de la Maifon de Lufignam, qui ait porté le nom de Mellufine. Secondement, que ce nom a efté corrompu de celuy de *Melifende*, commun anciennement, la Comteffe de Rhetel, Mere de Baudoüin de Bourg, Roy de Hierufalem, & la fille de ce Baudoüin, femme de Foulques, Comte d'Anjou, & Roy de Hierufalem, à caufe d'elle, s'appellerent ainfi. Et enfin que de ce nom de Meliffende l'on a fait Meliffent & Mellufine, ce qui a efté auffi remarqué par Mefnage, & par le P. Labbes en l'edition de l'ancien Liure des lignages d'outre-mer.

Ce que vous auez dit des couleurs des Nations dans les Croi-fades eft vne beueüe de la Colombiere, & vne imprudence de ce-luy, qui la pillé, fans le citer. Vous vous eftes donc trompé, auffi bien que luy, d'auoir figuré ces Croix fur les couleurs modernes affectées à ces nations. Si vous auiez bien leu l'hiftoire, vous au-riez apris, que la couleur vermeille en general eftoit celle des voyages d'outre-mer, & des croifades de la Terre Sainde, accor-dée aux François par preference, parce qu'ils ont efté les premiers

Au

Auteurs de ces grandes entreprifes , où ils ont toûjours fi bien
fait , qu'ils en ont remportè la principale gloire au iugement des
amis & des ennemis, fi bien que les Orientaux appellent encore aujourd'huy tous les peuples de l'Occident Franchi, ce qui n'a
point donnè de ialoufie à tous leurs concurrents dans ces entreprifes , comme nous l'apprenons du recueil hiftorique des guer-
res faindes, imprimé en Allemaigne fous ce tiltre glorieux à la
France *Gefta Dei per Francos*. Les Anglois à qui vous donnez le
iaune, portoient le blanc, qui a depuis efté la couleur de France
hors les croizades; car l'Oriflamme principale enfeigne de France eftoit vermeille, femée de fleurs de Lys d'or, & frangée de
vert. Et comme les François portoient le blanc hors les Croifa-
les , ceux-cy de mefme dans leurs pays portoient le rouge , qui
prenoient le blanc dans les voyages de la Terre fainde, comme a remarqué Rouger de Houdan. Ce qui arriua à Bayonne
du temps de Charles feptiéme eft memorable à ce propos : car
vne Croix blanche ayant apparu au Ciel, fur le poinct de la re-
duction de cette place en l'obeyffance du Roy , les Bourgeois de
cette Ville ofterent leurs pennons & bannieres aux croix rouges,
difans, que Dieu vouloit qu'ils fuffent François, & portaffent la
Croix blanche. Des Italiens à qui vous attribuez le bleu, ie n'en
ay rien leu. Quant aux Efpagnols, vous deuinez fans doute : les
Nobles d'Efpagne n'ont iamais fait corps confiderable dans ces
voyages, ce qui ne deroge point à la valeur de cette braue nation,
la raifon en eft euidente. Du temps de Godefroy de Boüillon , & plus de deux cents ans deuant & depuis l'Efpagne,
eftoit occupée par les Maures, & les perfecutions que les Chreftiens y fouffroient, eftoient vn fuiet particulier de Croifades,
qui ont attirè quantité de braues Gentils-hommes en ce pays,
où les biens faicts des Roys de Caftille & d'Aragon les ont
arreftez.

C'eft du mefme la Colombiere que vous auez appris, que les
diuerfes partitions de l'efcu, font des marques de coups d'efpée
receus dans le combats : Et comme vous eftes mauuais chan-
geur, vous n'auez pas feulement donné cours à cette fauffe monnoye,

noye, mais vous y auez encore adiouté vne nouuelle alteration
de voſtre creu. Vous dites qu'il n'eſt gueres d'eſcuts taillez,
d'autant que les ſeuls Gauchers peuuent faire de tels coups ; ne
conſiderant pas, que le coſté gauche de nos Aduerſaires, reſ-
pont à noſtre droicte. Et ainſi, que les droictiers ne peuuent
trancher l'eſcu oppoſé ſelon noſtre façon de parler Armorialle,
s'ils ne frappent a reuers. De maniere que s'il y à plus de droictiers
que de gauchers, comme vous auez dit, il y auroit beaucoup plus
d'eſcuts taillez que de tranchez. Et qu'ainſi ne ſoit, voyez vn
beau coup de Godefroy de Boüillon, rapporté par vn de nos
Hiſtoriens de la Guerre Sainte en ces termes. *Dux irâ ſuccenſus*
vehementi, Amiraldi tali modo amputat ceruicem. Enſem eleuat
eumque à ſiniſtra parte ſcapularum, *tanta virtute intorſit, quod*
pectus medium diſiunxit ſpinam & vitalia interrupit. Et ſic
lubricus enſis ſuper crus dextrum *integer exiuit.* Vous me direz
peut-eſtre que le Duc eſtoit gaucher, ou qu'il frappa cét Amiral
par derriere. Mais quoy que vous diſiez, vous ne nous perſuade-
rez iamais que ces partages d'Eſcus viennent de là. Et ſi vous dô-
niez autant au rayſonnement qu'à la paſſion vous adüoueriez
que la couſtume ancienne de porter des habits couppez, tranchez, taillés & bigarez de couleurs differentes à donné occaſion
de repreſenter les meſmes partages & bigarrures ſur les Eſcuts
couuerts, & houſſez des meſmes eſtoffes de leurs robbes, &
Manteaux ou de partie d'iceux bigarrez & diuerſifiez ſelon la
couſtume du temps. Iay prouué cette couſtume ez habits par le
teſmoignage, & autorité des Hiſtoriens du temps, qui ſont des
Romans à voſtre compte. Or ſi l'Hiſtoire de Charles VI. eſcrite
par vn Archeueſque homme treſſage, eſt vn Roman pour vous;
ſi l'Hiſtoire de Froiſſart tant eſtimée des eſtrangers qu'ils ont
bien pris la peine de la tourner en Latin ; ſi cette Hiſtoire dis-je
eſt vne fable, peuſteſtre aurez vous quelque reſpect pour les
Conciles, & Decrets des Saint Peres qui deffendent aux clercs,
l'vſage des habits partis, couppez, eſchiquettez, &c. Marque
euidente que cette couſtume eſtoit fort vniuerſelle puis quelles s'eſtendoit iuſques aux Clercs. I'ay rapporté la queſtion que

P

fait le Preſident Auſrere touchant les Capitoux de Tholoſe, i'y
adiouteray le ſentiment de *Ioannes Galli* en ſes Arreſts, q. 45. ou il
decide que la connoiſſance des differens qui naiſſent du Decret
du Concile de Vienne touchant les habits, appartient à la Cour
ſeculiere, & que c'eſt à elle a iuger ſi vn chaperon party eſt vn habit clerical ou non, *& ſic de Gippone & veſtibus ſciſſis & de cali-*
gis vna viridi & altera rubea.

Voyla pour ce qui concerne les habits dont les liurées ont
paſſé aux Eſcus. Car comme ils eſtoient de bois ſimples & ſans
façon, on les couuroit de houſſes bigarrées comme dit eſt, pour
les rendre plus pompeux. Et afin que vous ne me reprochiez pas
les Romans ſans cauſe, Ie rapporteray icy vn lieu de Lancelot
du Lac qui eſt formel pour cela. C'eſt en la premiere partie ou
l'Auteur obſerue que de ſon têps les cônoiſſances des Eſcus, c'eſt
à dire les Blaſons ne ſe faiſoiêt que de Cordoüan ou de drap. Il dit
de ſon temps, car il y a preuue qu'il s'en eſt fait auſſi de draps de
ſoye de Broderie, & treſſouuent de Fourrures. Où vous noterez
que pour faire cez houſſes, & couuertures, on n'alloit pas chez le
Fourreur ou chez le Marchand de Soye. Mais on faiſoit apporter
de la Garderobe l'Habit le plus riche, & le plus pretieux qu'on
eût, & on le decoupoit pour en faire des Bânieres, Pennôs, Cottes
d'Armes, couuertures d'Eſcuts, ſelon l'exigêce du cas. Côme il eſt
eſcrit du Seigneur de Coucy, &c. chez Iean le Feron, à qui ie
cômêce à dôner creance, depuis que i'ay leu dans Froiſſart que
ces Seigneurs de Coucy ont eu d'autres Armes que celles qu'ils
prirent en l'occaſion dont parle le Feron, dautant plus croyable que la plus part des Hiſtoriens de la Guerre Sainte, remar-
quent preſque la meſme choſe de Boëmond Prince de la Poüille.
Lequel apprenant qu'n deluge de croiſez s'en alloient en la terre Sainte, il quitta d'abord le ſiége de Melphes ou il eſtoit pour
les ſuiure ; & faiſant apporter promtement, la plus precieu-
ſes de ſes robbes, il en fit faire autant de Croix qu'il peut
pour les coudre ſur ſes eſpaules, & de ceux de ſa Nobleſſe qui le voulurent ſuiure. Tant y a, que c'eſt de là, que ſont
venus les lions de brocatel d'or, d'argent, d'hermines, ou de vair,
                                                                    les

les croiffans, engemmes, fleurs de Lys, Bezants, le tout d'hermines, coufus & appliquez, fur les houffes des Efcuts, dequoy
qu'elles fuffent, de foye, de drap, ou de Cordoüan, comme a
dit Lancelot. Et pour vous conueincre que les Romans & Poëtes parlent felon la mode du temps, i'adjoûteray icy ce traict de
la Chronique de Flandres, où vous verrez que le Duc de Bourgongne changeant de Cotte d'Armes auec Guillaume des Bar-
res, il garda les couuertures de fon Efcu, c'eft à dire, la Houffe,
bandée d'or & d'azur, à la bordure de gueules, ce qui eft confirmé par trente fieux de la Marche, liure 1. de fes memoires, où
ie remarque, que la Houffe de l'Efcu eft toûiours femblable à la
Cotte d'Armes.

Les anciens Allemans n'y mettoient pas tant de façon, il fe
contentoient de peindre leurs Efcuts *lætiffimis coloribus*, ce que
vous ne pouuez pas entendre de l'Email propre, qui eft d'vne fu-
ftance minerale, & ne fe peut bien appliquer que fur les metaux,
tant s'en faut que ces Ecuts de bois en ayent efté capables. Ce qui
foit dit en paffant, pour refpondre à ce que vous m'objectez, page
114. de l'Art pretendu, que les habits & Cottes d'Armes ne
font pas fufceptibles des Emaux, ce que l'on vous accorde, fi
vous prenez l'email à la rigueur. Mais fi vous entendez par ce
terme les diuerfes couleurs vfitées en Armes, ie n'y voy aucun
inconuenient. En effet, il a efté prouué ailleurs, que les couleurs, metaux, & pennes receuës en Armes ne viennent que des
habits. Et vous deuez fçauoir, qu'on ne s'eft point feruy de cette façon de parler abufiue, que depuis Philippe Moreau, qui en
a introduit l'vfage, pour euiter la frequente & ennuyeufe repe-
tition de ces termes, Couleurs & Metaux, Metaux & Couleurs,
importune à ceux qui ayment la politeffe, & la cherchent en vn
Art qui n'en auoit point eu iufques à luy. Car pour Iean le Feron vous m'excuferez, fi ie vous dis, que vous ne l'entendez
pas, ce qui vous arriue affez fouuent, lifez-le plus attentiuement
& vous verrez que l'email dont il parle en la page foixante neuf,
n'eft pas vne couleur de blafon, mais vn blafon complet, que
les Heraux portoient pour marque de leur office. L'Ordonnance

ce mefme veut que les Sergës en portët pour les rendre inuiolables dans les fonctiós de leurs charges. Ie lis dans Froiffart, qu'vn Heraut Anglois portoit vn Email des Armes d'vn Seigneur Portugais, qu'il nomme de Portech, duquel il auoit receu beaucoup de faueur. Conclufion, l'Email differe des couleurs qui entrent dans le Blafon, comme le tout de fa partie, de maniere que l'Email contient les couleurs & metaux dont le Blafon eft compofé, là où le blafon mefme, quoy que parfait, ne peut eftre Email, s'il n'eft figuré fur quelque medaille ou platine d'or, d'argent ou de cuiure, tant s'en faut, que les couleurs & metaux pris fepatément, puiffent porter le nom d'email, au fens de Iean le Feron, au lieu allegué.

Cette matiere des Efcuts me fait fouuenir d'vne remarque fort curieufe que vous auez faite en l'Abbaye de la Luzerne en Normandie, où vous auez veu vne efpée couuerte d'vn Efcu fur vne tombe, ce qui denote dites vous, que cette tombe eftoit d'vn Cheualier; C'eft voftre coniecture, car de preuue vous ne fçauez que c'eft. Et la verité eft, que comme l'Efcu & l'Efpée font armes communes aux Cheualiers & Efcuyers, auffi la marque en eft fort equiuoque. Il y en auoit donc vne autre plus certaine & plus fpecifique, qui eftoient les efperons dorez *vnde Equites Aurati* en Alemaigne, & en Italie. Et à cette marque l'on difcernoit le Cheualier de l'Efcuyer. L'hiftoire remarque, que la Ville de Courtray fut rafée, parce que l'on trouua dans l'Hoftel commun de cette Ville plus de cinq cents paires d'efperons dorez, d'autant de Cheualiers tuez à la funefte bataille, appellée de Courtray. Vn hofte de Gafcongne, qui fçauoit bien cette couftume, difoit à de pauures Cheualiers defmontez, qui en prenoient la qualité fans en auoir le Caractere : Hé ! Meffieurs où auez vous laiffé vos efperons dorez. Et ailleurs d'vn Seigneur, dont il ne me fouuient pas *fi regarda faire les Cheualiers nouueaux*, & leur remontra qu'il eftoit à celle heure lieu & têps *de gaigner honorablement leurs efperons dorez*; c'eft chez la Marche. fi ie ne me trôpe. Enfin nous aprenôs de l'hiftoire de Charles VI. que l'Empereur Sigifmôd voulât fuppleer de droict & equité, ce

qui

qui manquoit à Guillaume Signet, pour rendre sa cause indubitable il le fit Cheualier en l'Audiance se faisant oster vn de ses
Esperons qu'il chaussa sur le chãp à Signet. Car pour habiller vn
Cheualier, le prouerbe dit que l'on commence par l'Esperon, &
que l'on finit par l'Escu: tant il est veritable que la propre marque du Cheualier est l'Esperon d'or ou d'oré, & non l'Espée ou
le Bouclier.

Ie vous trouue encore fort subtil en la page 204. où vous
prenez la Genealogie de Iacque de Lalain pour sa deuise. Dequoy vous deuiez estre conuaincu par les propres termes
de vostre Auteur qui sont tels, *Cestui Cerf* (que vous prenez
pour le corps de cette pretenduë deuise) *portoit seize cors, &*
chacun cor auoit vne Banniere dont estoit issu ledit de Lalain, &
dont les deux premieres furent du pere qui estoit Chef & Seigneur
de Lalain, & l'autre de Crequi du costé de la Mere. Ainsi monstra
ledit de Lalain trente deux Bannieres dont il estoit issu directe-
ment du Pere, & de la Mere, sans entremesler entre les deux Ma-
riages aucune alliance d'autre Nature & condition, fors tous-
jours de Banniere en Banniere. C'est ainsi qu'en parle la Marche
au lieu par vous cité. Que si vous me demandez, pourquoy ce
Gentil-homme auroit exposé sa Genealogie en cette occasion. La
response est qu'il s'agissoit lors d'vn pas d'Armes, où personne
n'estoit receu, de part & d'autre qu'il ne fut reconu Gentil-
homme de nom, & d'Armes à raison dequoy, les Blasons des
vns & des autres estoient presentez aux gardes du pas, & exposez
en public. Ce qui n'empeschoit pas qu'il ne se fit enqueste som-
maire sur les rangs, lors que la Noblesse des suruenants n'estoit
pas notoire. Dequoy vous auez diuers exemples dans vostre Auteur que vous n'auez pas bien entendu. Voyla Monsieur tout le
mistere qui se rencontre en ce lieu; Que si vous desirez sçauoir
que vouloit dire ce Cerf, & pourquoy Messire Iacque de Lalain
en auroit voulu representer la figure. La response est promte que
le bois fourchu de ce bel animal estoit plus propre pour pendre,
& attacher ces differrents Escussons, les vns sur les autres selon
l'ordre du tẽps & de la Genealogie, Que les brãches d'vn Arbre

Q

ou autre chofe femblable dont on fe fert d'ordinaire en ces oc-
cafions.

Mais tout cecy n'eft que bagatelle voyons quelque chofe de
plus important dans voftre chapitre des Brifures dont la refuta-
tion meriteroit vn volume entier. Ie le fuis par ordre , & obferue d'abord que vous auez merueilleufement bien imité, ce que
nous auons efcrit fur ce fujet nombre cent cinquante-neuf de
nos Origines. Mais afin qu'on ne conût pas d'où vous l'auez pris,
vous en auez changé l'ordre & la methode. Voyla pourquoy
vous commencez par la difference qui fe fait par le changement des couleurs. & metaux que i'auois traictée la derniere,
comme la moins vfitée en France. Ce que vous auez obferué
auffi pour les exemples, mettant à la tefte celuy des *Grolées* de
Breffe, & de Dauphiné que l'on auoit logé le dernier apres lequel vous en rapportez vne longue lifte d'autres , pris d'vn Auteur que i'auois abregé a deffein, ce qui vous eft venu tres a propos, car vous auriés eu bien de la peine à defguifer voftre artifice fi i'euffe voulu dire tout ce qu'on à efcrit fur ce fujet.

Vous auez auffi amplifié ce que iauois dit en deux mots des
differences qui fe font par diminution. Mais vous vous eftes
bien gardé de rapporter l'Exemple des Cadets *De Choifeul*, il
eut efté trop vifible. Ce qui vous à obligé d'aller chercher celuy
de la maifon de Foix qui eft caché dans les additions, & par confequent moins en veuë. Et pour monftrer que vous eftes Hommes de grande lecture vous enflez ce difcours de trois exemples, dont il n'y à aucun qui vienne a propos. Car pour celuy des
Borgia la Terrace verte fur laquelle leur Vache eft fituée,
fait affez voir la difference de ce Blafon , d'auec celuy de Bearn,
pour ne pas dire que cette maifon Papalle eft fi fort au deffous de
celle de Bearn que vous ne fçauriez ioindre ces Armes, & ces
Familles fans vne extreme violence. Les exemples de Chattes,
& des Coftes de Grenoble originaires de Romans ne font
pas plus à propos. Certes fi Chattes ne portoit bien anci-
enement qu'vne Clef comme à dit le Pere de Varenne. Il
en porte deux aujour-d'huy comme a dit ce mefme Pere
                                                    fans

fans y penfer, ne prenant pas garde que l'Efcuſſon qu'il attribuë
à ceux de Charpey, eſt celuy de Chattes auec ſes alliances, où
vous obſeruerez, qu'il a obmis la veritable briſure de cette
Maiſon, qui eſt vne Fleur de Lys, ſans parler des autres manque-
ment, qu'il fait en cet Article, dont il n'eſt pas temps de parler. Et pour les Coſtes, dont eſt Monſieur le Preſident de
Charmes. Il fait ſi peu d'eſtat de voſtre Ionglerie qu'il porte *d'Azur à trois Cottices d'or ce qui eſt bien eſloigné du blaſon*
des Coſtes Comtes de Benné, & de la Trinitat en Piedmont,
dont vous auez voulu le faire deſcendre.

Cecy ſuppoſé, ie paſſe à l'examen de vos conieɛtures ſelon
l'ordre de voſtre Liure. Page trois cents cinquante-quatre, vous
conieɛturez que les briſures qui ſe font par addition de Lambeaux, bandes, cotrices &c. ont eſté portées aux Pays-bas par les
Heraux des Ducs en Bourgongne, & l'on trouue toutes ces eſ-
peces de Briſures en Flandres, plus de deux cens ans deuant que
les Ducs de Bourgongne y euſſent mis le pied,

Page 357. Vous dites, que les Labeaux ſe font de deux pieces, ie
n'en crois rié, ſi vous n'en aportez quelque exemple illuſtre, & qui
ſoit capable de dóner authorité à cette doɛtrine nouuelle. En effet
ie ne penſe pas que vous en ayez iamais veu aucun de cette ſorte,
ſinon peut-eſtre dans les memoires d'vn bon Gentilhóme de vos
quartiers, qui eſtoit certes fort ſçauant, mais nó pas en Armoiries,
dont toutesfois il faiſoit profeſſion : Et ie peux dire, que vóſtre
illuſtre Amy vous a rendu vn mauuais office, ſans y penſer, de
vous auoir donné ſes memoires. Tant y a que cet honneſte homme que i'ay gouuerné autresfois, s'eſtoit imaginé que les pendants du Lambel ſe deuoient ajuſter au nombre des Freres qui
ſe trouuoient en vne Famille. Et me ſouuient, que ſur ce fondement il n'en donna que deux à Monſieur le Duc d'Orleans
deffunɛt paſſant à Lyon, l'an mil ſix cents trente-deux; mais on
ſe mocqua de luy, & certes auec raiſon. Le bon homme ne ſça-
uoit pas que Philippe de France, Comte de Boulongne, Frere
vnique de Philippe Auguſte, briſa d'vn Lambel de gueules de
trois pieces, Qu'Edmund d'Angleterre, tige de la premiere branche

che de Lanclaftre Frere vnique de Henry troifiéme Roy d'Angleterre, prit pour brifure vn Lambel de France auffi de trois pieces, & que Louys premier, Duc d'Orleans, feul Frere de Charles fixiéme prit le Lambel de trois pendans d'argent, qui eft demeuré à tous les Princes, qui ont eu depuis cet appannage. De forte, que comme vous voyez, cd nombre de pendants n'a nulle relation à celuy des Freres, ce qui fe verifie encore par vne autre maniere. Car comme icy où il n'y auoit que deux Freres, on a pris le lambel de trois pendants, & quelquesfois de plus : auffi quant il y en a eu dauantage, on ne les a pas multipliez. Ainfi Iean d'Angleterre, dit de Gand, Chef de la feconde branche de Lanclaftre, brifa d'vn Lambel de trois pieces d'Hermines, quoy qu'il euft quatre Freres viuants, dont il eftoit le cinquiéme. Et dans la Maifon de France fous fainct Louys, fe trouuerent quatres Freres, dont le Comte d'Artois, & le Comte de Prouence, prirent tous deux le Lambel de quatre pieces, & celuy-cy mefme de cinq, felon quelques-vns. Et dans la Maifon de Montmorency des cinq Fils d'Anne Conneftable, le premier prit les Armes pleines, le fecond efcartela de fa Mere, le troifiéme d'vn Lambel de trois pieces d'argent, ce qu'on ne peut pas attribuer à l'ordre de la naiffance. Car dans la mefme Maifon, le Conneftable Anne, qui eftoit le fecond en ordre de quatre Freres, porta le Lambel de trois pieces mouuant du Chef, & dans la Maifon de France, le Comte d'Artois qui eftoit le troifiéme Fils de Louys huictiéme, en prit vn de quatre, & partant de quelque fens qu'on le prenne, on ne peut rien conclurre du nombre des Lambeaux au nombre des Freres, non plus qu'à l'ordre. Mais qu'il s'en foit trouué de deux, c'eft ce qui eft inoüy.

Page 358. adjoûtez à la brifure de Sombernon vne engrêlure, comme il a efté remarqué par Mr. du Chefne, qui a veu les feaux & anciens monuments de cette Famille.

Page 357. Vous parlez en Maiftre, & prononcez, qu'il eft fuperflu de dire du Bafton de Bourbon, qu'il eft alaifé, parce que le Bafton doit neceffairement *montrer les deux bouts*, & que c'eft par là, qu'il eft diftingué de la Cottice. Or à cela

i'ay

i'ay deux chofes à vous dire. La première, que les Anciens
ne mettent point de diſtinction entre le Baſton & la Cottice. Et
la feconde, que tous les Baſtons de la Maiſon de Bourbon & de
Vendoſme au deſſus d'Antoine Roy de Nauarre, font de toute
l'eſtenduë de l'Eſcu. Et l'on vous foûtient, que tout Baſton Ar-
moirial doit eſtre de la forte. Mais comme celuy de cette Royale
branche de Bourbon a eſté notablement accourcy & diminué
depuis que la courône eſt echeuë à leurs aiſnez, il a eſté neceſſaire d'exprimer cette diminution, qui le diſtingue des autres. Voylà pourquoy quelques-vns l'on nommé, *Pery en abyſme*, d'autres, *alaiſé*, & quelques autres *raccourcy*. Au reſte quant ce Baſton
de Bourbon feroit auſſi long que l'Eſcu vous ne deuriez pas apprehender qu'il ne montraſt les deux bouts; car s'il eſt impoſſible
deconceuoir vn Baſton fans deux extremités ; auſſi eſt-il bien
difficile de ne les voir, pourueu qu'il n'ait pas plus d'eſtenduë
que l'Eſcu meſme, qui ne pouuoit auoir que deux pieds & demy
de long tout au plus.

Pag. 363. Dreux eſtoit vne Briſure des pleines Armes de Vermandois. Vous deuiez dire vne différence, ce qui euſt eſté tolerab-
ble. Briſure, ne conuient qu'aux Cadets d'vne meſme famille,
or eſt-il, que Dreux ne deſcendoit pas de Vermandois. Adjoûtez, que ces Armes de Dreux eſtoient celles d'Agnez de Brayne,
femme de Robert de France, premier Comte de Dreux de cette
Maiſon. Sçachez enfin, que la Bordure que vous voyez en cet
Eſcu de Dreux, n'eſt pas toûjours vne marque de Briſure, teſ-
moin Bourgongne, Dammartin, Ferrieres, de France & d'Angleterre, la Fayette, Commines en Flandres, & mille autres.

Là meſme, c'eſt vn erreur de dire, que les Cadets de la
Maiſon Royale retenoient feulement les Emaux de France pour
marque de leur origine; côme Bourgongne, Dreux, Orleans, Vermandois. Du Tillet qui eſt plus croyable que vous, vous auoit
aduerty du contraire. Bourgongne meſme, que vous alleguez
auoit vne Bordure de Gueules; Dreux tout de meſme. Item, Vermandois n'auroit pas eu befoin du Chef de France. Ce que vous
dites d'Orleans eſt vn flux de langue. Il n'y a point eu de bran-

R

che d'Orleans, qui n'ait porté les Fleurs de Lys. Que si vous entendez parler des Roys d'Orleans, enfans de Clouis, & de Clotaire, les Armes seroient bien plus anciennes que vous ne dites.

La mesme page 363. Vous rendez vn triste tesmoignage de cette grande connoissance de l'histoire, dont vous vous flattez, donnant cinq filles Reynes à la Comtesse Beatrix de Sauoye, femme de Raymond Berenger, Comte de Prouence. Ce que vous auez apris de Pingon. Car ie ne pense pas, que vostre illustre Amy soit de cet aduis, & vous le traitez assez mal de le citer en cet endroit. Apprenez donc ce que toute la terre sçait, que la Comtesse Beatrix, fille de Thomas Comte de Sauoye, n'eut que quatre filles, du Comte Raymond Berenger, Marguerite Aisnée Reyne de France, Isabel Reyne d'Angleterre, Sance femme de Richard Comte de Cornuaille, & Roy d'Allemagne, & Beatrix, la plus ieune de toutes, femme de Charles de France, Comte d'Anjou & Roy de Sicile.

Quant à la cinquième que Pingon appelle Ieanne, & qu'il marie à vn Philippe, Roy de Nauarre; c'est vne erreur si grossiere, qu'il n'y a que vous, qui soyez capable d'y donner creance. Car s'il l'entend de Philippe le Bel, Roy de Nauarre, par le moyen de sa femme; il estoit petit fils de Marguerite, sœur aisnée de cette pretendue Ieanne, qui eust esté sa grande Tante. Il est bien vray que sa femme, s'appelloit Ieanne. Mais il est constant que cette Ieanne estoit fille de Henry Roy de Nauarre, Comte de Champagne & Brie & de Blanche d'Artois. Quant à l'autre Philippe, de la Branche d'Evreux, il estoit encore plus reculé du siecle de Raymond, & de ses enfans, qui estoient tous morts de son temps.

Voyla, Monsieur, la verité du fait, dont vous pouuiez estre instruit à fonds par le Sieur Ruffi, qui nous a donné depuis peu l'histoire de Prouence, par les Tiltres, & à fort bien remarqué l'erreur de Pingon, touchant le nombre, qualitez, & conditions des enfans de Beatrix. Cæsar de Nostre-Dame, que vous citez quelquefois vous auroit aussi rendu le mesme Office d'vne maniere

scien

scientifique, par le moyen du Testament de Raymond, qu'il rapporte de bout à autre. Et comme ce braue auoit inclination à la Poësie, il enrichit cette partie de son histoire d'vne belle piece du Dante, qui contient en peu de mots celle du celebre Romeo, à la prudence duquel il attribue les hautes Alliances des quatre filles de son Maistre. Voicy comme en parle ce Poëte.

Quattro figlie hebbe, & ciascuna Reyna,
Ramonde Belinghieri, & cio li fece,
Romeo persona humile & peregrina.

La vieille Chronique de Flandres qui est vne piece excellente confirme ce dire du Poëte chapitre 20. fol. 50. Messieurs de Sainte Marthe premier, & second volume de l'Histoire de France, du Tillet & Oihenard, en tant qu'ils ne conoissent point cette Reyne de Nauarre, & tant d'autres que vous estes inexcusable d'auoir choppé en si beau chemin.

Page 364 vous faites des comptes à perte de veüe du pretendu Tombeau de la Contesse Beatrix, qui à bien peu tromper Pingon & vous aussi, mais non le Sieur Guicheron, qui n'a pas fait reuiure cette Sepulture detruite pour nous obliger d'y donner creance, mais pour ne rien omettre de ce qui se pouuoit dire de la maison de Sauoye, dont il escriuoit l'Histoire. Ie l'estime trop habile homme pour ne pas conhoistre que cette pretenduë Sepulture n'est qu'vne belle copie d'vn mauuais Original dressé long temps apres le siecle de Beatrix par quelque personne bien intentionnée, mais tres-mal informée de l'Histoire & du Blason. Quoy qu'il en soit voyons vn peu les belles reflexions que vous faites sur cettes hapelourde.

Vous obseruez en premier lieu que de ces cinq Reynes pretenduës Filles de Beatrix de Sauoye Comtesse, de Prouence, aucune ne porte les Armes de Sauoye, ie ne m'en estonne pas. Ie suis bien plus surpris de veoir que vous ne soyez iamais moins raisonnable, que lors que vous faites le plus l'entendu. En effect il faut estre bien ignorant ou bien estourdy

pour

pour ne pas voir que les Filles d'vn Comte de Prouence, ne
doiuent point porter les Armes de Sauoye, & d'ailleurs si les
Dames en ce temps n'auoient autres Armes que celles de leurs
Marys comme vous dites en ce lieu, à quel tiltre pourriez vous
obliger ces Princesses de porter les Armes de Sauoye? Ie ne suis
pas pourtant d'vn aduis qui vous seroit de la consequence que
vous voyez. I'estime au contraire que les Escussons tailliez autour de ce tõbeau de Beatrix, & que vous croyez estre ceux de ses
Filles, seroient plus tost ce qu'ils representent, c'est à dire ceux de
leur Marys. La raison est que ce Tombeau n'estant qu'vn Cenotaphe erigé à la memoire de cette glorieuse Princesse, longues
années apres son decez, on la voulu orner de tout ce qui con-
tribuoit le plus à sa gloire, sçauoir des Armes de ceux qui ont
mis ses Filles sur le Trône. C'est pour cela mesme si ie ne me
trõpe qu'on à assemblé tant d'autres Princes, & Princesses autour
de ce Tombeau pour tenir lieu de pompe funebre à la Comtesse
Beatrix dont les vns estoient ses Gendres, les autres ses Freres, &
les autres ses petits fils sçauoir Louys, Philipe, & Pierre de France enfants de Saint Louys, & de Marguerite de Prouence sa
Fille aisnée.

C'est à l'occasion de ces trois Princes, & de leurs Blasons, que
vous obseruez, que les brisures auoient déja commencé. Or en
cela vous ne nous donnez pas vne grande nouuelle, & vous deuiez bien vous estre souuenu de ce que vous veniez de dire en ce
mesme chapitre, Que Dreux est vne brisure de Vermandois, ce
qui seroit bien plus ancien, s'il estoit veritable. En tout cas vous
auez peu apprendre de du Tillet & de Messieurs de saincte Marthe que Philippe de France, frere de Louys huictième brisoit déja d'vn Lambel de trois pieces. Que s'il ne se rencontre quelque chose de plus ancien ne vous-en estonnez pas, le temps
qui deuore tout, & la coustume du siecle de prendre les
Armes des heritieres en les espousant, nous ont priué de ce
contentement.

Il n'estoit donc pas necessaire d'aller si loing pour nous apprendre la loy des Brisures déja connües, receües, & vsitée en
France,

Les approches... de ces... ici bons Genealogistes, Ie n'ê-
stonne au contraire si... vous... vous
presentez les... trouble & fangeuses des... outrages
à la verité de nostre Histoire, toûjours plus claire dans sa source.
C'est dans cette pure source, ie veux dire dans le thresor des Chartes
de la Maison Royale, que du Tillet & les freres de saincte
Marthe ont puisé, ce qu'ils ont escrit de la posterité de sainct
Louys, auquel ils donnent cinq fils: Louys aisné, qui mourut
âgé de dixhuict ans, & ne but point comme il est a croire; son
frere Philippe... moins, parce qu'il devint l'aisné par la
mort de Louys arrivée luy estant encore fort ieune, & devant l'âge
de porter armes. Le troisieme fut Iean Tristan Comte de Nevers
& de Valois, de qui ce tombeau ne parle point; Il porta de France à la bordure de gueules, brisure tolerée par Pierre de France,
son quatrième frere, Comte d'Alençon, de quoy nous avons des
lettres patentes, dans le grand Cloistre des Chartreux à Paris,
où vous deuriez bien auoir veu les Armes de ce Prince & de sa
femme, Ieanne Gôtello de Blois, & de Chartres, outre quantité de
... de France & de sainct Mathieu ou... Balau-
din, qui donne bien une bordure à Pierre de France, mais Be-
zantée, ce qui n'est pas Louys, qui... de la brisure, que ce tombeau donne à
Pierre de France, lequel d'ailleurs il met le troisieme en ordre
de naissance, bien qu'il ne soit que le quatrième. Et qui pis est, il
... Iean Tristan, ... Robert ... der-
nier Fils, Comte de Clermont, qui est celuy neantmoins qui bri-
se de la bride, & non Louys, mort devant l'âge de Cheuallerie,
& qui de plus n'estoit ce semble, obligé à briser estant l'aisné de la maison. De maniere que ces brisures extrauagantes at-
tribuées par ce Tombeau, aux enfans de S. Louys seroient seules suffisantes pour le conuaincre de faux, quand nous n'en aurions aucune autre preuue.

Vous obseruez en troisiéme lieu, que ce tombeau donne
differentes Armes aux huict freres de la Comtesse Beatrix, d'où
vous tirez cinq consequences, que nous examinerons auec vostre
permission.

si l'on prouuoit que Thomas n'eust esté Comte de Flandres, et qu'il se seroit contenté d'estre comme ils supposé, il seroit pareillement que ces Reistres auent eu disposition particulieres de prendre Armes differentes. Comme il le voie en la personne de Thomas, qui estoit Comte de Flandres, du chef de sa femme, à raison dequoy il se peut faire qu'il ait porté le lion, que l'Auteur du Cenotaphe luy donne.

Le seconde, que les Ecclesiastiques ne brisoient point. Si cela est, ils portoient donc les Armes de leurs familles. Mais s'il est ainsi, qu'ils portent les Armes de leurs Maisons, pourquoy dites vous que les Prelats ne portent que les marques de leur dignité, et d'ailleurs s'il est veritable qu'ils .... pour dignité, ... de Sauoye, Euesque de .... portoit les Armes de Sauoye, dont il estoit issu, et non celles de sa dignité?

La troisième, que les freres changeoient d'Armes. Cette consequence est ridicule par la description que vous auez faite. Car les .... la brisure? Et les François estans vniuersellement plus exacts en la pratique des Armes, comme vous enseignez en la page 208. vous allez contre vos maximes de nous proposer pour regle des exemples estrangers, qu'il faloit plustost ajuster à nos coustumes, ...

La quatrieme, que les Prelats portoient seulement les marques de leur dignité, vous venez de produire le contraire, par l'exemple de Guillaume de Sauoye, Euesque de Valence, lequel portoit d'or à l'Aigle de sable, qui sont les Armes de Sauoye. Accordez-vous auec vous mesme, et nous serons bien tost d'accord ensemble.

La cinquiéme, que la Croix des Armes de Sauoye n'est point celle de Rhodes, qu'on a creu par erreur auoir esté prise par Amé le Grand, puis qu'auant luy le Comte Amé, le Comte Aymon, le Comte Pierre, et le Comte Philippe l'auoient déja portée, comme on voit en ce monument. Monsieur Guichenon nous a amplement desabusez de cette erreur, et Nous verrons

ce qu'en dira cet illustre. Et ie ne doute point, qu'il n'en parle
plus iudicieusement que vous, qui n'apportez pour toute preuue
qu'vne piece euidemment fausse. Que s'il nous conuainc d'erreur, nous aurons cette consolation d'auoir erré en bonne compagnie, & serons en effet d'autant plus excusables, que vous
enseignez, page 337. de l'Art pretendu veritable, que iusques à
present, *vous n'auons rien d'asseuré de l'origine de nos Fleurs de Lys,
de la fasse d'Austriche, & ce qui est le poinct de la Croix de Sauoye.*
D'où ie conclus, ou que vous n'auiez pas encore conferé auec
ledit Sieur Guichenon, lors que vous escriuiez cecy; ou qu'ayant
entendu ses raisons, vous les auez trouuées assez fortes pour
destruire l'opinion commune, mais non pour establir la sienne,
qui seroit tres foible en effet, si elle n'auoit vn meilleur fondement que le Cenotaphe de la Comtesse Beatrix.

Tout le reste de vos obseruations n'est que de choses tri-
uialles ou impertinentes. Comme ce que vous dites, Page 367.
que les pays cotigus ont affecté d'auoir des Blasons semblables
côme la Normandie la Guyenne, & l'Angleterre. Prenez la charte
ie vous prie, & vous verrez que deux prouinces si eloignées
que la Normandie, & la Guyenne n'ont pas eu esgart a la pro-
ximité qu'elles n'ont point en effect pour prendre celle-là deux
Leopars, & celle si vn. Et pour l'Angleterre qui les porte touts
trois vous pouuiez bien penser que ce n'est pas à raison du voi-
sinage, estât separée de l'vne & de l'autre par vne grande estenduë de mer : mais à cause du mariage de Henry second Roy
d'Angleterre auec l'heritiere de Guyenne, du Chef de laquelle il aiouta vn troisieme Leopart aux deux Normandie, que ses
predecesseurs auoient apportez de Dannemarc en France, & de
la en Angleterre, dont les anciennes Armes estoient de Gueulles à vne Croix pattée d'argent (Tomas Miles dit Patonce) can-
tonnée de quatre colombes de mesme. Ce que vous dites des
Lyons des Pays bas, est vne autre badinerie refutée par vous
mesme, page 337. où vous reuoquez en doute, tout ce qui
s'est dit de la Croix de Sauoye, des Lyons de Flandres, &c. Et
pour les Aigles de Sauoye, Mantoüe, & Ferrare outre que ces
deux

deux derniers Eftats font affez eloignez du premier, il eft conftant que ces Aigles font conceffions de l'Empire où de l'Eglife. De Sauoye, vous n'en doutes pas. Mantoüe la conceffion eft de Frideric trofiefme felon Fauin, ou de Sigifmond (felon Leandre Albert) qui crea François Gonzague Marquis de Mantoüe le 22. Septembre, 1433. & *gli dono l'Aquile negre che le portaffe in campo bianco con vna croce roffa.* Quand eft de l'Aigle de Ferrare, iapprens du Comte Alphonfo Lofchi, que c'eft vne faueur ou pluftoft vne recompenfe de feruices & fidelité enuers l'Eglife, concedée à vn des premiers Marquis de ferrare, par le Pape Alexandre troifiefme.

Iufques icy Monfieur vous n'auez pas efté plus heureux en conjectures qu'en confequences. Ie ne m'en eftonne pas vous auez beaucoup de memoire à ce que l'ondit, mais la Nature qui vous a efté fi liberalle de ce cofté, s'eft monftrée vn peu efcharfe d'ailleurs. Nous en auons vne preuue conueinquante en la page 402. de voftre Liure, où apres auoir dit que les Bezants tirent leur nom de la Ville de Conftantinople, auffi appellée Byfance vous enrichiffes ce difcours d'vne reflexion fort rare, que les Bezants n'ont point de marque en Armoiries, d'autant que cette Monnoye eftoit autre-fois fans marque, & qu'elle fexpofoit au poids de l'Ordonnance des Sultans. Par où vous donnez à entendre que cette Monnoye leur eftoit propre, car vous adjoutez incontinent apres, *Qu'ayant efté autre fois informe auec le temps elle fut marquée, du coin particulier des fultans.* Ce qui eft tout a fait hors de raifon.

Car fi les Bezants ont emprunté ce nom de la Ville de Byfance où vous confeffez qu'ils ont efté premierement frappez, qui d'oute que cette Monnoye n'ait efté empreinte de la figure, ou quoy que ce foit de la marque des Empereurs, Seigneurs de cette grande Ville Capitalle de Leur Empire. Et cela eftant qu'elles apparance que nos Bezants Armoriaux, ayent efté pluftoft tirez fur ceux des Sultans, quant ils auroient efté fans marque, ce qu'on ne vous accorde pas, que fur ceux de l'Empire lefqu'el eftoient tous marquez. Certes ie en vois aucune, & le lieu de

Nicole

Nicole Gille pris comme il faut, ne dit autres chose sinon que comme nous auons maintenant diuerses Pistoles distinguées les vnes des autres par leur prix, & par le lieu de leur fabrique, d'où il prennent le nom: Ainsi outre les Bezants Imperiaux, il se peut faire qu'il y en eût d'autres frabriquez en diuers lieux, & mesme chez les Sarasins, à raison dequoy ils estoient nommez Sarasinois. C'est à mon aduis tout ce qu'on peut tirer de ce lieu de Nicole Gille, & de tout ce que vous dites en suitte, d'où ie n'apprens point que les Bezants Sarasinois aient esté forgez sans marque, & ne le sçaurois croyre pour plusieurs raisons.

Ie tire la premiere de la coustume de touts les peuples, & de touts les siecles depuis plus de deux mille cinq cents ans, & de quelque costé que vous vous tourniez vous ne me ferez point voir de Monnoye de puis ce temps, qui n'ait esté marquée. Certes tout aussi tost que les necessitez de la vie eurent introduit le commerce, on reconut qu'il estoit difficile de l'entretenir par l'eschange des denrées, côme il se pratiquoit bien anciennement au lieu dequoy on saduisa de la Monnoye. Et i'apprens d'Ælian, & de Strabon, que la sterilité de l'Isle d'Ægine aiant forcé ses habitants, d'aller chercher au loing ce que la Nature auoit desnié à leur pays. Ils furent les premiers de toute la Grece qui s'aduiserent de marquer des pieces d'argent pour faciliter le negoce.

Les Atheniens ne tarderent pas de les imiter, & il est triuial qu'ils marquoient leurs especes d'vne Chouëtte. Ce qui arriua à Lacedemone est remarquable à ce propos où Gilippus ayant derrobé bien finement, comme il croyoit quantité de ces Chouëttes, il les cacha sous les tuiles de sa maison d'où elle furent desnichées par la denontiatiō amphibologique de son vallet. Les Thebains y figuroient vne Tortuë, les habitans de l'Isle de Chio, & les peuples d'Afrique vn espi de bled, les Rhodiens marquoient d'vne rose, les habitants de l'ancien Ilion d'vne Truye, les Latins des le temps de Ianus, d'vne proüe de nauire, Ouide dit vne pouppe poëtiquement pour vn nauire entier, qui est le sentiment d'Athenée, mais les Hebreux plus anciens que tout cela, marquoiët leur Sicle de la figure d'vn vase de la forme de celuy qu'ils

T

enfermerét anciennemét dans l'Arche d'Alliance. Ie ne rapporte pas tout ce qui se peust dire sur ce suiet qui est assez riche, car ie n'ay pas tant d'enuie de vous monstrer que iay leu d'autres Liures que les Romans que i'en veuille passer pour pedant.

La seconde raison se tire des noms generaux, & particuliers de ces especes marquées, que les Romains ont nommées Monnoyes *à monendo*, par ce que la marque en faisoit conoistre l'Auteur, & le prix. Elles ont aussi esté appellées en general, *Pecunia*, d'autant que toutes les Monnoyes Romaines, dans les commencemens de cét estat estoient empreintes de la figure d'vn Bœuf, où d'vne Brebis, selon l'opinion de Varron de Pline & Plutarque, ce que ie vous ay voulu dire, d'autant que Columelle à eu vne autre pensée.

Les noms particuliers des monnoyes nous enseignent la mesme chose, & bien plus clairement. Car outre les pieces marquées de signes Hieroglyphiques alleguées cy dessus: Nous en auõs veu quantité d'autres qui ont emprunté leur nom de celuy du Prince, duquel ils portoient la figure. Ainsi les Perses auoient leurs Dariques marquez d'vn costé du visage de Darius l'ancien, & de l'autre de la figure d'vn Archer, sur quoy Agesilaüs fit le rencontre que vous sçauez. Et au mesme temps que Darius faisoit batre ses Dariques, son Lieutenant en Egypte, Ariandes fit battre monnoye d'argent auec le sien, *Vnde Argentü Ariandinü*, ce qui luy cousta la teste. Les Macedoniẽs eurẽt leurs Philippes, qui ont duré bien long tẽps, & pour la mesme raison nous auons eu nos Hérys, & double Henrys, les Karolus sont plus anciens, ils portoient la premiere lettre du nom de leur Auteur, Charles septiéme, & Charles huictiéme. Imitez en cecy des Princes de Dombes, qui ont fait fabriquer des pieces de trois deniers, vulgairement appellez *Liards*, marquez d'vn costé d'vne Croix pattée, & de l'autre de la premiere lettre de leur nom. D'où vient qu'il s'en trouue de marquez à la lettre F. du nom de François de Bourbon, Duc de Montpensier & Prince de Dombes, que vous auez attribués par erreur au Roy François premier, quoy que la Couronne, la legende & la datte vous apprissent le contraire.

Ie

Ie ferois ennuyeux fi ie voulois rapporter icy tout ce que *Suetone*, *Seneque*, *Tacite*, *Lampride*, *Vopiscus*, *Trebellius Pollio*, Et des Grecs, *Philoſtrate*, *Artemidore*, *Dion*, *Herodian*, *Procope*, *Xiphilin*, & autres, ont efcrit des monnoyes Romaines. Mais puifque nous fommes fur les Befants, vous fouffrirez bien que ie vous die quelque chofe de cette monnoye Orientale, & des figures dont elle eſtoit marquée. I'obferue donc que Iuſtinien l'ancien fit battre des pieces d'or, qui d'vn coſté portoient fon Image, & de l'autre celle de Belifaire, auec ce mot, *Gloria Romanorum*. Ce que Galienus auoit fait à Rome, où à peu près en faueur d'Odenatus. Or comme la monnoye eſt la marque la plus expreſſe de la fouueraineté. Iean Zimifcés, Prince deuot, voulant donner à connoiſtre que le Fils de Dieu eſtoit le Roy des Roys, au lieu de mettre fon Image dans fes monnoyes, il y fit mettre celle de Iefus Chriſt, auec cette legende, IHS. XPS. BAS. BAS. d'autres foumettans la gloire de leur Sceptre à celle de la Croix, la repreſenterent au reuers de leur monnoye, auec cette infcription, IHS. XPS. NIKA. Ce que nos Roys ont imité en quelque façon, ayans fait mettre ces mots à l'entour de leurs Eſcuts d'or, *Chriſtus Regnat*, *Vincit* ; & *Imperat* ; tant y a que cette couſtume de figurer, l'Image de Iefus Chriſt dans les monnoyes deuint fi ordinaire, que l'Empereur Ifaac Comnene eſt blâmé chez Zonare d'y auoir mis la fienne, tenant vn Efpée à la la main, comme s'il euſt voulu dire, qu'il ne tenoit pas tant fon Empire de Dieu, comme de fon Efpée.

Il faut obferuer en troifiéme lieu, que les grands Roys n'ont pas fait feulement marquer leur monnoye de leur nom & de leur figure ; mais qu'ils ont encore obligé les Princes leurs voifins tributaires & aliez de receuoir leurs efpeces, & mefme de mettre leur Image en celles de leurs pays. Les Roys de Perfe du temps des premiers Empereurs Romains ne pouuoient battre monnoye d'or, qu'elle n'euſt la figure de ces Empereurs : & ce n'eſt pas vne petite marque de la Dignité, Grandeur, & Majeſté de nos plus anciens Monarques que les Empereurs de Conſtantinople n'ayent peu les empefcher de faire battre monnoye d'or à leur

coin

coin & figure, ce qu'ils ne permettoient pas aux autres Princes
de l'Orient, & nous apprenons de Zonare, que le Lieutenant de
Iuftinien fecond, nommé Leonce, prit fuiet de rompre la paix
auec le Prince des Arabes, depuis nommez Sarrafins, parce
qu'ils payoient le tribut deu à l'Empire, en monnoye marquée
d'vne nouuelle marque Arabefque, & non du vifage de l'Empereur, ce qui n'eftoit permis.

Ce font les paroles de l'Auteur, que ie vous prie de remarquer, parce qu'elles decideront la queftion, & i'y adioufte vne
chofe merueilleufe, qu'encore que les Sarrafins depuis l'infra-
ction de cette paix fe fuffent emparez de l'Egypte, Syrie & Pale-
ftine, il ne fe parloit neantmoins en toutes ces Prouince que de
Befants, monnoye Impériale, forgée à Byfance, comme vous
confeffez, & par confequent marquée au coin & marque des Empereurs, dont le nom eftoit encore venerable aux Infideles, auffi
bien qu'aux chreftiens, de telle forte que ce nom de Befant eftoit
cómun à toutes les Monnoyes Orientales, tant Chreftiénes que
Sarrafines. I'entreprendrois vn labeur infiny, fi ie voulois cotter
par le menu tous les paffages des Hiftoriens de la Terre fainɗe,
où il eft parlé de ces Befants ou Byfantins fans queüe. Mais ie ne
dois pas obmettre vne galenterie de Baudoüin de Bourg, Prince
d'Edeffe, & depuis Roy de Hierufalem, qui pour auoir de l'argent de fon beau pere, Gabriel Duc de Melitene en la petite Ar-
menie, luy fit à croire, qu'il auoit engagé fa barbe à fes Cheualliers & Efcuyers pour affeurance de leur folde, & qu'ils la luy deuoient rafer & emporter, s'il ne s'acquittoit enuers eux, de ce
qu'il leur auoit promis. De maniere que le bon Duc pour ne fouffrir en fon gendre l'affront le plus fenfible du monde au iugement des Orientaux, luy conta trente mille *Michelets*, qui eftoiét
des befants fans doute, marquez au coin d'vn des Empereurs de
Conftantinople, de ce nom de Michel, comme les *Purpurats*,
dont parle l'Abbé Guybert, qui pourroient bien auoir eu ce nom
de Leon Porphyrogenete ou de quelqu'autre.

Ie ne penfe pas, Monfieur que vous puiffiez vous defendre de
cette foule d'Autoritez; car de dire, que les premiers Befants
                                                            ayent

ayent esté nommez absolument *Argyri*, & *xrēini*, du nom de
leurs metaux, & que primitiuement ils n'auoient point de marque, Leunclauius, de qui vous auez pris cecy, ne le dit pas, &
quant il le diroit, ie ne le croirois pas, ny vous non plus. Il dit
bien, que les pieces d'argent estoient appellées *Aspres*, c'est à dire *Blanches*, de la couleur de l'argent, comme nous auons eu en
France des *grands & petits Blancs*, qui ne laissoient pas d'e-
stre marqués. Les pieces d'or & d'argent chez les Romains
estoient bien nommées absolument *Aurei & Argentei*, & tou-
resfois elles estoient fort bien marquées, & iamais personne n'en
a douté. L'ancienne monnoye de cuiure, qui seule a eu cours à
Rome l'espace de plus de cinq cents ans, & qui toute vile qu'elle estoit, ne laissoit pas d'estre le prix de l'or & de l'argent. Cette
monnoye, dis-ie s'appelloit *Æra*, en Latin, & en Grec *xaλκοῦι*,
dont les differentes marques luy ont donné des noms differents:
Victoriati, Bigati nummi, Supple, &c.

Ce que vous dites aussi de la figure ronde des besants, à raison
de laquelle ils auroient esté appellez *Rota aurea & argentea*, ne
fait rien du tout contre la marque. Les pistoles & reales d'Espagne au molinet sont marquées, aussi bien que celles qui sont
grossierement taillées, qui est le terme de la monnoye, d'où vient
afin que ie vous die cecy en passant, qu'en Italie le lieu de la
monnoye s'appelle, *la Zeccha à secando*. Et il est bien plus vray
semblable que les *Zecchins* viennent de la *Zeccha*, que de vostre *Schach*, ou Roy de Perse, d'où vous tirez vos *Schechins*, que
ie n'ay point ouy nommer de la sorte, qu'en vostre quartier de la
Boucherie ; par tout ailleurs on dit & escrit Zecchins ou Se-
quins.

Au fonds, on vous denie que les Besants ayent iamais esté appellez Tables, ou Roües d'or ou d'argent, ny qu'il y ait eu monnoye quelle que ce soit de ce nom. Ie lis bien chez Leunclauius
que les mines d'argent de *Lebene*, prés Sebaste, estoient affer-
mées à trois *Roües* d'argent, dont chacune valoit mille *Sultans*:
mais qu'il y eust monnoye de ce nom pas vn mot, qu'elle n'ait
point esté marquée encore moins. Et il faut estre bien impu-

V

dent, ou bien ignorant pour croire, ou vouloir nous faire croire
qu'vn befant, dont la plus haute eſtimation n'a iamais paſſé cinquante francs de noſtre monnoye fuſt vne de ces Roües, qui va-
loient mille Sultans, ou Befants piece, car nous verrons que les
Befants, Sultans & Seraphins eſtoient d'vn meſme poids, & d'vn
meſme prix. D'où il paroiſt, que ces Roües d'or ou d'argent,
n'eſtoient pas des monnoyes, ains des *Tables* ou *Platines*, qu'on
tailloit puis apres pour en faire des Befants, Sultans & autres
monnoyes.

A ces foibles raiſons vous joignez vne brauade, & me dites,
que ſi i'entendois l'Arabe, vous me renuoyeriez à l'*Alcoran*, ou
i'apprendrois, que Mahumet defend l'vfage des Images, d'où
vous concluez que les monnoyes Turques, n'ont peu eſtre marquées, & outre ce, vous aduancez de voſtre crû, que nos hiſtoires font foy, que les Turcs ont long temps refufé les monnoyes
des Chreſtiens à raiſon des Images dont elles eſtoient figurées.
A quoy ie refpons par ordre, & vous confeſſe d'abord, que ie
n'entends point l'Arabe, & n'ay point leu, ny ne veux lire l'Alcoran, ce que ie pourrois bien faire, ſans entendre cette langue, ayant eſté traduit en la noſtre. Ie vous laiſſe cette lecture, &
les vices des Arabes, que vous pourriez bien auoir contractez en
lifant leurs liures & conuerſant auec eux. Secondement quand
l'Alcoran & Mahumet, voſtre Autheur, auroient defendu les
Images; ie ne crois pas que cette defenſe ſe deuſt eſtendre iuſques à celles des monnoyes. La Loy de Dieu certes defendoit
bien les Images, ou pour parler nettement, & au ſens de la Loy,
l'adoration des Images. Et cependant le Temple & le Sanctuaire
meſme en eſtoient tous remplis. En l'eſpece le Fils de Dieu,
Auteur de la Loy, n'a pas abhorré les figures qui ſe trouuent és
monnoyes. Nous liſons auec reſpect ces paroles ſacrées dans
ſon Euangile: *Cuius eſt Imago hæc & ſuperſcriptio.* Ainſi il n'eſt
pas croyable, que les Turcs ayent eſté plus ſcrupuleux que les
Iuifs, & Mahumet plus religieux obſeruateur de la Loy que Ie-
ſus Chriſt meſme.

Ie vous dis en troiſiéme lieu, que vous aduancez de voſtre
creû

creû que les Turcs ayent long-temps refufé les monnoyes Chre-
ftiennes à raifon des figures dont elles eftoient marquées, en effet vous n'en apportez aucune preuue à voftre ordinaire. l'apprends bien de Leunclauius, que du Temps de Bajazet premier,
certains Fourbes de Talifmans fous pretexte de Religion, & en
verité pour remplir leurs bourfes, s'efforcerent de faire defcrier
les monnoyes Imperiales, qu'ils raffloient fous main : mais cela
ne dura point, car l'artifice fut bien toft reconnu. Les Turcs la
receurent comme auparauant. Et cet Auteur remarque, qu'ils
font tellement perfuadez de la bonté des efpeces de l'Empire,
qu'ils les prennent fans pefer.

Mais ie veux, que par vne Loy indifpenfable les Images
& figures humaines ayent efté bannies des monnoyes desTurcs.
Ce qui n'eft point veritable pourtant (car les Alcores de ces
peuples ne les excluent que des temples feuls, au rapport de
Calchocondile,)qu'en conclurrez vous ? que les Befants Sarrafi-
nois, &c. n'ayent point efté marquez. Vous ne fçauriez. Il a efté
prouué cy-deffus, que dés le temps de Iuftinien Rinotmete,
c'eft à dire, enuiron foixante ans aprés la mort de Mahomet la
monnoye des Arabes ou Sarrafins eftoit déja marquée, voicy les
termes de Zonare tournez du Latin de Vvolphius : il parle de
Leonce Lieutenant de Iuftinien. *Iis fretus & gaudens Arabi-*
cum fœdus rupit, caufa ex eo fumpta quod annui Tribvti Moneta non Romanorvm Signvm, *Sed* Novvm Arabicvm *ha-*
beret, & le refte. Que fi vous me demandez, quelle eftoit cette marque nouuelle, Monfieur Mefnage, que i'eftime plus que
Nicot, vous l'apprendra par ces vers de Teodulphe, Euefque
François, Contemporain de Louys le Debonnaire.

> *Hic & cryftallum & gemmas promittit eoas*
> *Si faciam alterius vt potiatur agris*
> *Ifte graui numero nummos fert diuitis auri,*
>   *Quos* Arabvm Sermo sive Character Arat.
> *Aut quos Argento latius ftylus imprimit albo.* Et le refte.

Et pour vous fermer entierement la bouche, ie vous apporte

l'au

l'autorité de voftre Leuclauius duquel vous vous feruez à toutes fins, qui dit en termes formels, que les Sultás, & les Befáts eftoiét de mefme poids, & de mefme valeur & que toute la differéce de ces efpeces confiftoit en la figure. Voicy comme il parle, *Eiufdem cum Soldanis erant tū ponderis tū pretij, qui Græcorū Imperatorum temporibus Byfantÿ nominabantur*, CHARACTERIS DVNTAXAT RATIONE DIVERSI, ils eftoiét dóc marqués. Et quát aux *Seraphins* que vous pretendez auoir efté premierement fabriquez, & marquez par le Soudã Melech Seraph de telle forte qu'auparauát les monnoyes Turques eftoient fans marque: Cela ne peut eftre que ce Melech Seraph ne foit plus ancien que le regne de Iuftinien. Ce que vous n'oferiez dire car ce Soudan viuoit feulement l'an 1291. auquel il chaffa les Chreftiens de la terre Sainte. Et nous venons de voir que dés l'an 800. & tant, foubs le regne de Charlemagne, & de fes enfants, & bien pluftoft dés l'an 690. fous Iuftinien les Arabes, & Sarafins marquoient déja leur monnoye. Que dit donc Leunclauius qu'il n'y ait eu aucuns Bezants où fultans d'Arabie, & des Sarafins marquez, deuant le regne de Melech Seraph, point du tout, mais qu'outre les *Sultanins* il y auoit des *Seraphins* qui eftoient de mefme poids, & valeur que les Sultans & les Bezants. Et qu'ils receurent ce nom de Seraphins à caufe que *Melech Seraph* fuft le premier de toutes les Souldans d'Egypte qui les fit forger, & qu'ainfi ne foit, voicy fes termes: *Eiufdem cum Soldanis erant tum ponderis tum pretij qui Græcorum Imperatorum temporibus Byfantÿ fiue Byfantini nominabantur caracteris duntaxat ratione diuerfi. Confimiliter & Seraphini fupplè erant eiufdem ponderis & pretij, quos Seraphinos fupple, primus ex Soldanis Ægyptiis fignauit Melech Seraph à quo nomen etiam hoc confecuti funt.*

Ie pourrois icy brauer à mon tour, & vous demander, fi vous eftes content? Mais quoy que vous le deuiez eftre, ie ne le feray pas moy-mefme, que ie ne vous aye entierement conuaincu de la fauffeté de voftre propofition, en vous faifant voir la neceffité precife de marquer la monnoye. Ie dis donc, qu'il eftoit abfolument neceffaire qu'elle fuft marquée, parce que fans cela le public

blic euſt eſté liuré & abandonné aux fraudes des faux mon-
noyeurs,à qui il euſt eſté facile de contrefaire ces tables raſes de-
ſtituées de toutes ſortes de figures, & principalement de celle
du Prince, qui les rendoit en quelque façon inuiolables. Ce qui
à fait dire ces belles paroles à Theodoric chez Caſſiodore. *Quid
nam erit tutum ſi in noſtra peccetur effigie, & quàm ſubiectus corde
venerari debet manus ſacrilega violare feſtinet.*

Vous auez plûtoſt deſcouuert l'inconuenient, que vous ne l'a-
uez oſté, lors que vous auez dit, que vos beſants non marquez
s'expoſoient au poids de l'Ordonnance des Sultans. Ce qui n'e-
ſtoit pas ſuffiſant. Et vous auez peu apprendre de Caſſian,
que de tout temps on a conſideré trois choſes en la monnoye , la
qualité , le poids , & la figure. Quant à la premiere , il y eſtoit
en quelque façon pourueu par l'Image du Prince, laquelle,com-
me dit Ariſtote,aſſeure le peuple de la bonté de l'eſpece,& Theo-
ric au lieu allegué : *Omnino moneta debet integritas quæri vbi
vultus noſter imprimitur, & generalis vtilitas inuenitur.* Pour
la ſeconde , qui regarde le poids, on y apportoit l'eſſay de la balance , & pour cela il y auoit à Rome des Peſeurs publics dans
tous les coins des ruës, qu'on appelloit *Libripendes & ζυγόται).*
Reſte la legende & la figure qu'il faloit bien eſtudier, comme vn
des meilleurs moyens de diſcerner le vray du faux , & le faux du
fin ; voyla pourquoy le Fils de Dieu aduertiſſoit ſes Diſciples d'e-
ſtre bons Changeurs. Et de toutes les fripponneries qui ſe faiſoient au fait de la monnoye, celle-cy en particulier, s'appelloit,
Paracaragmus. Que ſi auec toutes ces precautions on ne laiſ-
ſoit d'alterer les monnoyes. Ie vous prie , quel peril y euſt-il eu,
ſi elles euſſent eſté expoſées ſans forme & ſans figure. Et ſi la
monnoye d'or, & d'argent n'eſt conſiderée que par la figure du
Prince quel eſtat auroit-on fait de celle de Cuir, d'Argille , de
Bois, d'Eſcorce d'Arbre, de Carton , & d'autres ſemblables bagatelles à qui la neceſſité publique a donné cours, ſi le viſage du
Prince ne leur euſt donné autorité ?

J'acheue ce diſcours,Monſieur,& apres m'eſtre acquitté de ce
que ie vous deuois en qualité de Profeſſeur, vous me permet-

X

trez de vous traiter en Heraut,& de vous dire la veritable raiſon pour laqu'elle les Bezants Armoriaux ont eſté repreſentez ſans marque. Ce qui me ſera fort ayſé ſi vous vous ſouuenez de ce que nous diſions tantoſt, que les Eſcuts de nos Cheualiers eſtoient parez, ornez & reueſtus de Brocatel d'or ou d'argent, de draps de ſoye ou de laine, & quelquesfois de Cordoüan : Et que ſur ces couuertures, on couſoit ou appliquoit certaines pieces de quelqu'vne de ces eſtoffes, mais de couleurs differantes ; Des Lyons verts par exemple, des Loups bleus, des Moutons rouges, des Croiſſants d'Hermines comme celuy de Mr. de la Meſſeraye, des Quintefeuilles ou Engemmes d'Hermines, comme celles d'Ancenis en Bretaigne, de Croucbak, & Beaumôt Ponteaudemer en Angleterre, des fleurs de Lys de la meſme eſtoffe comme celles des Cockfied au meſme pays. Or comme toutes ces figures Armorialles n'ont aucune conformité auec les choſes quelles repreſentent, car il n'eſt point de Lyons verts, de Loups bleus de Moutons rouges, &c. Ainſi il ſe trouue des Bezants lis & ſans marque en Armes, non parce que les veritables Bezants ſe ſont expoſez ſans figure ou marque du Prince comme vous auez creu ; Mais parce que ces Bezants Armoriaux n'en auoient point & n'en pouuoient auoir eſtants comme nous auons dit des pieces d'eſtoffe appliquées ſur les Eſcuts toutes telles quelles eſtoient ſans aucun artifice. Ce qui n'eſt pas ſi vniuerſel qu'il ne s'en trouue quelque vns de marquez, quoy qu'en petit nombre ; Comme ceux de l'Eſcu de Conſtantinople qui ont vne croix alaiſée, & ceux de Portugal qui ont vn point de ſable au milieu. Auſquels on peut adjouſter les Bezants d'Hermines des maiſons de Dinan, & de Bodegat en Bretaigne, qui par conſequent ſont marquettez, non par rapport aux veritables Bezants, où vous ne veiſtes iamais rien de ſemblable. Mais parce que cette derniere eſpece de Bezants armoriaux dans leur Origine, eſtoient reellement & de fait, des pieces rondes de cette fourure appliquées ſur quelque beau drap d'eſcarlatte où de ce que vous voudrez qui eſtoit le champ, & la houſſe de l'Eſcu, laquelle ornée de quelqu'vne de ces pieces

de

de fantaifie tenoit lieu de deuife, enfeigne où Armoiries à nos Cheualliers ou Efcuiers.

C'eft ce que i'auois à vous dire fur le fuiet des Bezants, où vous auez tefmoigné tant de foibleffe, que ie ne m'eftonne pas fi vous auez recours à vos Amis pour vous ayder à me combattre. Vous me menaffez entr'autres d'vn Illuftre qu'il n'eft pas befoin de nommer, ce qui me confirme en l'opinion que i'ay toûjours eüe, que voftre amitié luy feroit vn iour à charge. En effet, vous auez tant d'amour pour vous-mefme que vous feriez rauy, qu'il rompit auec moy, ou moy auec luy, afin d'affeurer voftre repos au hazard de troubler le fien. Mais de ce cofté vous n'auez rien à efperer. I'honore trop le Perfonnage pour faire, ou dire chofe qui le puiffe offenfer, & ie fuis fi fort affeuré de fon amitié, que toutes vos intrigues ne feront iamais capables de m'en priuer. Lifez fes ouurages & vous verrez, fi c'eft auec raifon que ie parle de la forte. Ie ne les articule point icy, parce que ie fçay qu'il ne veut point auoir de part en nos querelles : mais ie peux bien dire en general, qu'il n'a rien donné au public, qu'il ne m'ait fait quelque part de fa gloire, par vne honnefte reconnoif-fance des offices que ie luy ay rendus.

Ie vous repete donc encore vne fois, que ie n'ay rien à crain-dre de ce cofté, que fi ie n'auois cet aduantage, & que i'euffe efté fi malheureux de l'auoir defobligé, ie n'aurois pour toute punition, que le deplaifir de l'auoir fait; il eft trop noble & trop genereux pour fe venger, & le temps luy eft trop precieux pour l'employer en inuectiues. Quant à vous, Monfieur, qui vous pi-quez de fa confidence, c'eftoit à vous de luy rendre ce deuoir. Mais vous connoiffez voftre foible, & vous auriez mauuai-fe grace d'entreprendre la defenfe d'autruy, ne pouuant vous defendre vous-mefme. Ie n'en vferay pas ainfi auec vous, & au lieu d'euoquer les Manes de ceux que vous inquietez apres leur mort, & d'inuoquer le fecours des viuants, que vous defchirez auec cruauté. Ie vous declare, que ie fuis icy pour eux, & que ie prends leur caufe en main, bien que ie n'aye l'honneur de les connoiftre que par reputation.

Ie

Ie commence par le Sieur Triſtan, que vous traitez à toute rigueur,& cependant ſi l'on examine vos accuſations,il ne ſe trouuera que quelques traits de complaiſance pour certaines familles nobles, que vous pretendez auoir eſté par luy eleuées à des
dignitez qu'on ne voit point en l'hiſtoire.Comme ſi elle eſtoit iuſte en toutes choſes, & que ceux qui l'eſcriuent, ne fuſſent pas
des hommes foibles, ignorants, negligents, & quelquesfois paſ-
ſionnez : Iuſques à faire des iniuſtices dans vn miniſtere, que
l'on ne confioit autresfois qu'à des perſonnes ſacrées tant il eſt
ſainct & venerable. l'entrerois dans vne mer ſans fonds & ſans
riues, ſi ie voulois rapporter icy toutes les negligences, &
les iniuſtices des Hiſtoriens tant anciens que modernes. Ie
me contenteray de vous dire, que Plutarque a fait vn volume entier de la malignité d'Herodote. Que Ioſeph Sacrificateur
Hebreu, par negligence ou par malice n'a rien voulu dire de
la Piſcine probatique. Que Xiphilin ſemble auoir pris à tâche
de renuerſer tout ce que l'antiquité à creu de la ſageſſe & de la
probité de Seneque. Que noſtre Gregoire de Tours homme
Sainct à obmis a deſſein où autrement le Miracle de la Sainte
Ampoulle en quoy il a eſté ſuiui par Paul Æmille, dont le ſilen-
eſt accuſé de malignité, par Claude du Verdier Gentil-homme de Forêz. La Sainte Lance trouuée en Antioche par reue-
lation Diuine & la Pucelle Ieanne, ont paſſé pour ſtratagemes
en l'eſprit de quelques intereſſez où mal informez.En particulier
Froiſſart eſt noté d'auoir eſté trop Anglois, Monſtrelet trop
Bourguignon, NicoleGille trop Orleanois, de Serre & Aubigné
trop Huguenots, Mathieu Paris ancien Hiſtorien Anglois ennemy declaré de la cour Romaine. Que diray-ie de Guichardin
& de ſes ſemblables, qui font profeſſion ouuerte de deſcrier tout
ce que noſtre Nation a iamais fait en Italie & qu'vne paſſion
aueugle a portez a des excez indignes de leur profeſſion.

Mais pour venir au fait, combien de Conneſtables, Chancel-
liers, Marechaux & Amiraux voyons nous chez le Feron qui ne
furent iamais, & combien au contraire y en à til eû dont l'Hiſtoire meſme n'a point tenu de regiſtre, non plus que cét Aureur.
Vous

Vous n'y trouuerez pas Taneguy du Chastel en qualité de Maré-chal de France, & neantmoins ses lettres sont encore auiourd'huy en nature, & la fidelité inuiolable qu'il a gardée à son Prince iusques apres sa mort meritoit bien cette grace de luy, & vn traitement plus fauorable de l'histoire. Et à fin de dire quel-que chose de ce bel Estat qui contient la meilleure partie de la Gaule Romaine. Voyez en quel Chapitre de l'Ordre de l'An-nonciade vous trouuerez la reception du Marquis Monty vous n'en trouuerez point. Et toutes-fois i'apprends de Mon-sieur Capré, qui a fait l'histoire de cet Ordre, & dressé vn Catalogue tres exact de tous ses Cheualliers que son Altesse Royalle Victor Amé le fit representer apres sa mort auec le Collier de l'Annunciade, qu'il n'eut iamais en sa vie. Ce qui pourroit mettre la reputation de cet Auteur en compromis d'icy à cent ans, s'il auoit affaire à des Iuges aussi brusques, que le Sieur Menestrier.

Apprenez, Monsieur, par ces exemples, & par vostre propre experience, combien nos connoissances & nos lumieres sont li-mitées. Monsieur Tristan a eu les siennes, qui ne sont pas ve-nuës iusques à vous. Mais quelles estoient les vostres, & quels guides auez vous suiuis en la page cent septante-quatre de vo-stre Liure, ou de septante-deux Gentils-hommes, & puis c'est tout, vous faites vn fils d'Empereur, neuf fils de Roys, quator-ze de Ducs, trente de Comtes, & le reste à proportion, & ce qui est estonnant & bien esloigné du Prouerbe, tous Docteurs en Droit Ciuil & Canon. Dites nous donc, ie vous prie, qui estoit ce fils d'Empereur, qui renonça à la Pourpre pour embras-ser la mortification figurée par l'Aumusse? Il y en auoit trois en ce temps, deux en Orient, & vn en Occident. Mais il n'est pas besoin de vous interroger, vous vous estes assez expliqué. Car ayant dit absolument que c'estoit le fils de l'Empereur, il est euident, que vous auez entendu parler de l'Empereur d'Alema-gne, qui estoit alors Frideric second, degradé de l'Empire en l'année 1245. qui est proprement le temps auquel vous assem-blez le glorieux Chapitre, dont vous parlez en ce lieu.

Y

Cè qu'eſtant ainſi, dites nous vn peu ie vous prie, où eſtoit cet Empereur Chanoine, ou ce Chanoine Imperial, pendant qu'on déttônoit ſon pere, & qu'on le depouilloit de la premiere Dignité du monde? Fils deſnaturé! permettez-moy d'apoſtrophor vn peu cet illuſtre Chanoine; dormiez-vous en ce temps? Que ſi vous veilliez, comment eſt-il poſſible que vous ayez veu eſgorger voſtre pere, pour ainſi dire, ſans ouurir cette bouche diſerte, en vne occaſion où les muets deuiennent eloquents? Peſez bien cette piece, Monſieur, & la mettez en la balance auec toutes les jongleries pretenduës du Sieur Triſtan, & vous trouuerez qu'elle l'emporte de beaucoup. Ie ne doute pas au reſte, que vous ne faſſiez tous vos efforts pour ſauuer cette fable. Vous alleguez à l'auance vn Regiſtre de la Chambre des Comptes, où vous pretendez, qu'elle ſoit inſerée. Mais ſi ce Regiſtre eſtoit authentique, il deuroit bien plûtoſt eſtre dans les Archiues de cette Egliſe, que dans la Chambre des Comtes. Que ſi vous repliquez, quelles ont eſté brûlées; on vous répond, que les hiſtoires & les Regiſtres tant de l'Empire que des autres Royaumes de la Chreſtienté n'ont pas eſté brûlez. Et ie peux dire des Genealogies des Princes, qu'elles ont eſté toutes eſcrites auec autant de ſoin, comme ſi le Meſſie auoit eu à naiſtre de chacune de ſes familles Royales en particulier.

Ie n'aurois donc pas beaucoup de peine a vous marquer icy, les noms aâges & qualitez de touts les enfants des Roys & Princes de l'Europe, en l'an 1245. Et pour ce qui concerne la maiſon de Frideric ſecond, toute la terre ſçait qu'il eût quatre maſles. Deux legitimes, Henry & Conrad, qui gouſterent tous deux de l'Empire, & deux Baſtards Entius Roy de Sardaigne & Mainfroy Roy de Sicile. L'on ſcait auſſi qu'els furent les freres & les enfants de Saint Louys qui regnoit en ce temps, & l'on n'ignore pas qu'elle a eſté la poſterité des Roys d'Angleterre, Boheme, Dannemark, Suede Noruegue Pologne, & Hongrie & au Couchant des Roys de Nauarre, Arragon, Caſtille & Portugal. Et quelque diligence que iaye ſceu faire, ie n'y trouue aucũ veſtige de ces Chanoines de Lyon. Où voulez vous
donc

donc que nous prenions touts ces fils de Roys dont vous com-
posez ce glorieux Chapitre de l'an 1245. Ie vous le diray Monsieur. Ce sera dans les Archiues du Royaume de la Lune &
pays adjacents, descouuerts autres fois par Lucien, Illustrez de
nos iours par vn curieux qui s'est efforcé d'en demonstrer l'existence, & ie ne doute point que le docte Pere Cluuerius Minor,
n'en face bien tost vne plus exacte description.

L'Isle des lampes où des lanternes si vous voulez se trouue en
la mesme Côtrée, & ce sera de cette Isle que vous ferez parestre
sur le Teatre du monde, ces Roys fanatiques & fantastiques
Illustres progeniteurs de vos Chanoines de Lyon. Nõ Monsieur,
croyez moy, ne cherchez plus ces fils de Roys dans l'ancien
monde, Vous ne les y trouuerez pas, quoy que disent Charpin
Sarasin, & Seuert. Ils en ont bien oüy parler, mais ils n'en donnent aucune preuue, non plus que les Historiens du Liege qui
ont flatté leur Eglise d'vne pareille sornette, sans toutes fois en
articuler le temps, à fin qu'il fût moins aysé de les conueincre
de mensonge. Et pour celle de Lyon si Monsieur de Sponde
y eût trouué quelque vray semblance, il n'auroit pas precauti-
onné ce qu'il en a dit aprez ces modernes de cette particule de
deux lettres qui garde les sage de mentir.

C'est ainsi Monsieur que vous en deuiez vser, si vous eussies
eu quelque soin de vostre reputation. Mais ceux qui com-
mercẽt de tout ne font pas beaucoup d'estat d'vne chose si fluide,
quant il sagist de l'interest. Vous recherchiez des biens plus ma-
teriels que celuy cy. Et comme les richesses donnent beaucoup
d'esclat à la vertu dont vous faites profession, vous negligez ay-
sement la renommée, qui n'est que la seruante & la fourriere
des vertus, pour veu que vous ayes les richesses & la vertu: Où les
richesses seules, mesme sans la vertu. Ainsi aux despens de vostre
reputation vous ionglez ouuertement ces Messieurs de l'Eglise,
de Lyon pour reparer en quelque maniere le tort que vous pretendez vous auoir esté fait par le Sieur Tristan. Iexplique cecy.
Nous parlions tantost de conjectures, mais il y a icy quelque
chose de plus. Et pour parler franchement la presumption est
vio

violente, que vous n'auriez pas traité si indignement vne perſon
ne du merite du Sieur Triſtan, ſi l'acceuil que la ville de Lyon
à fait a ſes ouurages, n'auoit deconcerté, le deſſein que vous
auiez conceu de luy preſenter vne bagatelle, & Dieu ſçait à
quelle fin.

Voyla, Monſieur, toute l'intrigue, voila, dis-je encores vne
fois, le veritable motif de la querelle que vous auez faite de
gayeté de cœur, à cet honneſte homme que vous connoiſſez
tres-mal. Examinez ſans paſſion tout ce qu'il a dit de quelques-
vns de vos Compatriotes, & vous n'y trouuerez rien que de tres-
raiſonnable. Quoy qu'il en ſoit, vous n'eſtes point ſon Iuge, &
vous aurez toûjours tres-mauuaiſe grace d'vſurper cette autori-
zé, eſtant redeuable à la Iuſtice publique de mille ſeruilitez, baſ-
ſeſſes & jongleries dont vous auez vſé à l'endroit de tous les Ordres de l'Eſtat, au preiudice de la verité & de voſtre reputation,
comme ie vais vous faire voir.

Ie commence par Noſſeigneurs les Eueſques. Et ie conſide-
re, qu'encores que vos Reuerendiſſimes ne ſoient pas en reputation d'eſtre trop reſpectueux à l'endroit de ces Princes de l'E-
gliſe: Toutesfois comme vous eſtes ſoupple & accort, vous vous
accommodez au temps & faites ceder quelquesfois les maximes
generales à l'intereſt particulier. En vn mot, vous eſtes ieune &
n'eſtes pas tellement lié à la ſocieté, que vous n'en puiſſiez ſortir vn iour, & vous voir en eſtat d'auoir beſoin des graces, & fa-
ueurs de ces diſpenſateurs des Treſors de l'Egliſe. Voyla pourquoy vous les jonglez & non content de leur donner des Armes
en peinture. Vous leur mettez les Armes materielles en main en
tant qu'en vous eſt. Vous en feriez meſme des Generaux d'armée, ſi vous pouuiez, & au lieu de leur propoſer les Oracles ſa-
crez de la Verité, puiſes de l'Eſcriture ſainte, des Conſtitutions
Apoſtoliques & des Decrets des Papes, vous leur alleguez des
exemples ſcandaleux de quelques Prelats eteroclites, qu'on a
veus à la teſte des Armées Chreſtiennes contre des Chreſtiens,
dans vn ſiecle qu'vn Hiſtorien moderne a tres-iuſtement nommé
le ſiecle de fer.

Ie

89

Ie ne denie pas pourtant que quelques Sainéts Prelats ne
se soient trouuez dans des armées Chrestiennes. La memoire du Sainét Euesque du Puy Aymar est en benediétion parmy tous les gens de bien, pour auoir conduit la premiere Croi-
sade en la Terre saincte auec Godefroy de Boüillon. Nous lisons
aussi auec edification ce qu'escrit le Chancellier d'Antioche, de
l'Archeuesque de Cesarée Enzomer, qu'il fut veu en teste des
escadrons Chrestiens : *Non Lorica, sed Sacerdotali superpelli-
ceo indutus Crucem Domini venerabilibus gestans manibus.* Pleust
à Dieu, Monsieur, que l'Euesque de Beauuais, dont vous nous
parlez, eust esté de cette trempe, & qu'il se fust proposé vne fin
autant Chrestienne, que celle de ses grands hommes dans toutes ses faétions militaires, sa vertu en auroit esté plus vniuersellement loüée des gens de bien. Quoy qu'il en soit, ie suis fort
joyeux d'entendre de vostre bouche les aétions genereuses de ce
Prelat à la Bataille de Bouines. Mais vous ne deuiez pas oublier
ce qui luy estoit arriué quelques années auparauant; Qu'ayant
esté pris les Armes à la main par le Roy Richard d'Angleterre, il
le fit long-temps croupir dans vne dure prison, sans le vouloir
mettre à rançon, quelques prieres qu'on luy fist pour cela. Le
Pape mesme, dont on mandia l'intercession, ne s'en mit pas
beaucoup en peine, dont voicy la raison rapportée par Guillaume de Neuf-bourg: *Considerans enim quod Rex Anglorum Ep-
scopum non prædicantem, sed prœliantem & rigidum magis
hostem quàm pacificum Præsulem teneret in vinculis, vt vinétum
relaxaret illi molestus esse noluit : Sed interpellanti (scilicet Epi-
scopo) sapienter, & discretè respondit, improperans quòd sæcula-
rem militiam Ecclesiastica prætulisset & pro baculo Pastorali lan-
ceam, pro Mitra galeam, pro Alba loricam & clypeum pro Stola
sumsisset & gladium ferreum pro gladio spiritus quòd est ver-
bum Dei neganfque se pro eo imperaturum Regi Anglorum, sed op-
portune supplicaturum pollicens.*

Vous citez aussi les Capitulaires de nos Roys en faueur de
ces Euesques guerriers. Et c'est vne chose deplorable, qu'vn
homme de vostre Profession ne passe sur ces Liures, que comme

Z

les araignées & les chenilles ſur les plus belles fleurs. Eſtudiez
les mieux , ie vous prie , & vous apprendrez , que ſi nos
Prelats alloient en ce temps à la guerre, ce n'eſtoit que pour y
faire ce que dit Sainct Thomas 2. 2. quæſt.40. *Non vt ipſi propriâ
manu pugnarent , ſed vt iuſte pugnantibus ſpiritualiter ſubue-
nirent.*

Il confirme ſon opinion par l'autorité de l'Eſcriture ſainɛte, en
Ioſué & ie la pourrois illuſtrer par la pra&tique vniuerſelle , de
toutes les Nations qui auoient leurs Preſtres & Sacrifices militaires. Ie me contente de vous dire , que comme les Alemans
portoient à la guerre & meſme au combat les Simulacres de
leurs Diuinitez. Ainſi nos Roys ſortis de ces peuples conuertiſ-
ſans en Religion ce que leurs Maieurs faiſoient par ſuperſti-
tion, n'entreprenoient rien d'important en paix ou en guerre , qu'ils ne fuſſent accompagnez des Reliques , des Sainɛts.
C'eſt ce qu'a remarqué Gregoire de Tours, *lib. 6. cap. 17.* de ſon
hiſtoire , parlant de Chilperic en ces termes : *Reliquiis multorum
Sanɛtorum præcedentibus vrbem ingreſſus eſt.* Le Rationaliſte Du-
rand a auſſi obſerué apres Valafridus Strabo & le Moine de ſainɛt
Gal, que le terme François *Chappelle* eſt ainſi dit , *A Cappa ſan-
ɛti Martini quam Reges Francorum ob adiutorium victoriæ in
praliis ſolebant ſecum habere , quam ferentes & cuſtodientes cum
cæteris Sanɛtorum reliquiis Clerici , Cappellani cœperunt vocari.*

Il n'eſt pas beſoin de vous dire , que l'Oriflamme meſme leur
eſtoit baillée en ceremonie par l'Abbé de ſainɛt Denys , auquel
on la remettoit la guerre eſtant finie. Suffit que pour la garde
de ces choſes Sainɛtes, nos Roys menoient auec eux en guerre non ſeulement des Preſtres & Clercs, mais encores des Eueſques, dont la charité venant à ſe refroidir, il ne faut point douter, que ſe voyans dans le peril, ils n'ayent eu plus de confian-
ce aux Armes materielles defenſiues, qu'au ſecours des Sainɛts
qu'ils auoient en garde. Et comme toutes choſes ſe peruertiſſent
auec le temps , qu'apres s'eſtre armez pour ſe defendre, ils ne
ſe ſoient enfin meſlez auec les ennemis. Mais ce deſordre fut
bien toſt reprimé, par le chapitre 61. du Liure 6. qui parle ainſi:

Si quis Episcopus, &c. Ad bellum processerit, & arma bellica indutus fuerit ad Belligerandum, ab omni officio deponatur.

Notez qu'il estoit defendu aux Euesques de s'armer pour combattre, non pas pour se couurir. Mais d'autant que le nombre en estoit quelquefois trop grãd & que demeurans les bras croisez, ils empeschoient les gens de guerre de combattre. Les deux autres Estats presenterent à l'Empereur Charles vn placet admirable contenu au mesme Liure 6. des Capit. chap. 185. pour le supplier de ne plus souffrir que ces Personnes sacrées vinssent *in hostem*, c'est à dire en l'Ost. Ils deplorent les disgraces de quelques-vns qui y ont esté blessez, ils representent la consternation du reste de l'Armée en ces accidents. Enfin ils concluent, que les Euesques demeurans dans leurs Eglises, le nombre des combattants s'augmentera, parce que le reste des soldats, qui ne s'occupe qu'à les defendre combattra de toutes ses forces, quant il sera deliuré de ce soin.

Ie quitte ce propos odieux pour reuenir aux Armoiries, dont le seul nom nous fait assez connoistre qu'elles ne sont pas seantes aux Ecclesiastiques : voylà pourquoy ie les leur osterois volontiers, de l'autorité de Saint Charle Borromée, qui est loué d'auoir laissé les siennes des plus nobles du Milannois, pour prendre l'image des Saint tutelaires de son Diocese : suiuant la l'oüable coustume de nos anciens Euesques, qui n'auoient point d'autres seaux, & enseignes. L'vsage neantmoins l'ayant emporté sur la raison, & ces enseignes militaires n'estant plus emploiées qu'à des vsages de paix, ie ne m'y opposeray pas. Mais aussi de prendre tant de peine pour les orner, & attiffer pour ainsi dire, & de plonger ces Messieurs dans la vanité iusques par dessus la Mitre. C'est ce qui fait conoistre vostre dessein, & qui vous rend inexcusable. En effect il y a du plaisir de voir le soin que vous prenez à ranger cette Mitre dessus vn Escusson où elle ne deuroit point estre du tout. Et i'en fais iuges ces Messieurs. Ma raison est que cét ornement quoy que mysterieux, est commun à presque toutes les Dignitez Ecclesiastques au dessus, & au dessous de l'Espiscopat. Aux Superieurs comme au Pape qui

est

eſt le ſouuerain Eueſque, & aux Cardinaux non Eueſques qui ſon ſeruent auſſi bien que les Eueſques, aux inferieures comme aux Abbez, & ce qui eſt notable dans le Lyonnois aux Doyen Chanoines, & Chapitre tant de la Cathedralle que des Collegialles iuſques aux Chanoines reguliers de l'Egliſe, de Saint Irenée.

Ce qui ne ſe peut pas dire de la Croſſe. Car le Pape, & les Cardinaux n'en vſent point, ſi font bien les Abbez mais elle ne deſcent pas plus bas. Tant y à qu'il n'y a pas long temps que les Eueſques, ne m'ettoient point de Mitre ſur leurs Armes non plus que les Abbez. Et au contraire les vns, & les autres y ont touſiours mis la Croſſe tournée du coſté droit comme elle doit eſtre quoy que diſent nos modernes, qui ne ſçauent pas qu'il y a quantité d'Abbez dont la juriſdiction eſt plus eſtenduë, que celle de pluſieurs Eueſques, comme celuy de Vezelay qui auoit luſtice & Officiauls ſur dix-ſept villages ſans comter les Prieurés en deſpendans, dont le nombre eſt tres grand.

Vous ionglés encore Meſſieurs les Eueſques d'vn autre coſté, mais auec moins de jugement lors que vous leur attribuez les couronnes appartenantes aux dignites temporelles des Aiſnés de leur maiſon. Adulation d'autant plus impertinente que ces veritables Leuites ont renoncé iuſques au nom de leur famille, ſe contentants de celuy, par lequel ils ſont faicts membres de celle de Ieſus-Chriſt au Saint Bateſme. Ce qui pourroit bien auoir eſté le motif pour lequel, Innocent dixieſme deffenoit ce faſt aux Cardinaux iſſus de maiſon ſouueraine.

En fin les Archeueſques comme chacun ſçait, Primats & Metropolitains ont droit d'Officier auec la Croſſe & la Croix toute ſimple à l'ordinaire. Et vous, Monſieur, qui ne cedez en jonglerie à qui que ce ſoit, & qui ne croiriez pas eſtre habile homme, ſi vous n'auiez adiouſté quelque choſe de nouueau aux droicts honorifiques de nos Prelats, apres auoir donné aux Archeueſques vne Croix double. Vous en attribuez vne ſimple aux Eueſques, ce qui vous obligera d'adiouſter vn Chapitre au Ceremonial & Pontifical, pour leur en apprendre l'vſage.

Croyez

Croyez moy, laiſſez nos Eueſques en leur ancien eſtat : &
pour les Archeueſques, imitez voſtre graueur, qui s'eſt mocqué
de voſtre ordonnance. En effet c'eſt aſſez d'vne Croix pour vn
Prelat, encore n'eſt elle que trop peſante à qui s'en veut bien
acquiter. Ie n'ignore pas au reſte que les Patriarches propres,
d'Antioche Alexand. de Conſtantinople n'ayent eſté flattez de
cette enſeigne de leur Dignité. Mais nous n'en auons point en
France de cette nature. Et ſi l'on examine bien les choſes, il ſe
trouuera, que les pretentions de quelques-vns des noſtres pour
cette dignité ne ſont fondées, que ſur quelques ſtyles de Secre-
taires, qui ont confondu les tiltres de Patriarches & de Primats;
en quoy ils ſont dautant plus excuſables que le Pape Innocent
troiſiéme a iugé la queſtiõ & declaré, que dans l'vſage de la Cour
Romaine, & au langage de l'Egliſe : *Primas & Patriarcha pe-*
ne penitus idem ſonant, cum Patriarcha & Primates teneant vnam
formam licet eorum nomina ſint diuerſa.

Tant y a, que ſi les Tiltres donnez en cette maniere, pouuoient éleuer les Prelats à quelque rang ou dignité plus eminéte
que celle dont ils ſont en poſſeſſion & qu'il y eut quelque myſtere en ces Croix reſultant de la dignité Metropolitaine, Primatiale
ou Patriarchale, ſi les Archeueſques doiuét porter la Croix double, les Primats, qui ont vn degré par deſſus les ſimples Metropolitains la doinét auoir triple & les Patriarches quadruple. Ce qu'e-
ſtant ainſi, que donnerez-vous au Soûuerain Pontife, lequel
pourtant ne s'attribue rien d'extraordinaire dans cette plenitu-
de puiſſance? Ie m'en rapporte à vous & à tous nos noũueaux
Maiſtres de ceremonies, que ſe diſtillent la ceruelle, pour inuen-
ter quelque agreable noũueauté en faueur des Puiſſants de tous
les Ordres. Nous auons veu vne partie de ce qu'ils ont fait pour
le Clergé, voyons tout d'vne ſuite comme ils ont operé pour acquerir les bonnes graces des Dignitez ſeculieres.

Ie vous diſois tantoſt, que le Marteau d'Armes a eſté la marque de la Dignité de Conneſtable. Mais plus communement ont
ils porté, ou fait porter l'eſpée, quelquesfois engainée & quelquesfois nuë. Ce que nous liſons d'Arthus Duc de Bretaigne &

A a

Conneſtable de France, lequel eſtant venu en Cour du temps du Roy Charles huictiéme, il fit porter deux eſpées nuës deuant ſoy, l'vne comme Duc de Bretaigne, & l'autre comme Conneſtable. Ie vous diray auſſi que i'ay veu l'Image de Gaucher de Chaſtillon, Conneſtable de France, portant l'eſpée de ſa Charge dans vn fourreau Semé de Fleurs de Lys. C'eſt ainſi que le grand Eſcuyer porte celle du Roy en ceremonie. On a auſſi donné depuis peu deux baſtons fleurdeliſez, paſſez en Sautoir aux Mareſchaux de France & tout cela auec quelque ſorte de raiſon, puiſque ce ſont les marques de leurs charges & qu'en effet ils en portent au moins vn, dans les occaſions.

Mais que veulent dire ces Maſſes, que vous auez ajoûtées aux Armes de Monſieur le Chancellier. Ce ſouuerain Chef de la Iuſtice, porte-t'il ces Maſſes, ou ſi ce ſont ſes Huiſſiers? Vous me direz ſans doute, que ce ſont les Huiſſiers. Ce qui n'eſt pas nouueau, l'hiſtoire obſerue que Iourdain de l'Iſle, Seigneur de marque, fut pendu & eſtranglé, pour vn excez commis à l'endroit de deux de ſes Officiers qu'il fit empaler auec leurs maſſes. Ce qu'eſtant ainſi, qu'elle impertinence, de ioindre aux armes de cette excellente charge les baſtons de ces vils Officiers, & d'vn Chancellier de France en faire vn Huiſſier à la chaine?

Voyla, Monſieur, les effets de voſtre jonglerie, beaucoup moins iudicieuſe que celle dont vous accuſez le Sieur Triſtan l'Hermite, ce qui ſoit dit en paſſant & par occaſion ſans preiudice de la reſponſe qu'il vous prepare, qui ſera dautant plus puiſſante, qu'il a entre les mains les pieces iuſtificatiues de tout ce qu'il a dit en faueur de ces Illuſtres, dont il a donné les eloges. Nous verrons cependant, ce que vous auez à dire contre le Sieur Capré, Maiſtre des Comptes de Sauoye, à qui vous impoſez vn crime dont vous le purgez vous-meſme.

Certes ſi par vos maximes nous deuons auoir recours aux Originaires des lieux, pour apprendre la verité de qui ſe paſſe chez eux, qui ne croira, que le Sieur Capré, qui eſt homme iudicieux & de condition à ſçauoir les affaires de ſon pays par les principes, n'en ſoit mieux informé & ne les ſçache mieux en effet que

que le Sieur Meneftrier, qui eft pour l'ordinaire eftranger en
fon propre pays, tant s'en faut qu'il puiffe fçauoir les chofes plus
efloignées & reculées de fa connoiffance.

Vous direz tout ce qu'il vous plaira, mais apres tout, vous
ne nous perfuaderez pas que ce perfonnage qui a efté nourry en
la Cour de Sauoye, qui a eu accez dans le Cabinet & dans les
Archiues de Turin & de Chambery. Qui a conferé auec tous les
doctes & curieux de cette Cour, l'vne des plus polies de l'Europe, qui a veu, touché & manié mille & mille Efcuffons de fes
Princes en bois, en pierre, verre, peinture & tapifferie, ait peu
ignorer ce qui eft connû au moindre petit Officier de cette Cour.
J'eftime donc, que vous eftes non receuable en cette caufe &
qu'il n'y a perfonne, qui ne vous condamne fur l'Etiquette du fac.
Mais afin que vous ne m'accufiez pas de precipitation, ie veux
examiner vos raifons & y repondre fans paffion.

Vous dites, que le Sieur Capré s'eft mepris de donner pour
cimier à fon Alteffe de Sauoye deux demy colomnes couron-
nées, d'où fortent des plumes de paon, qui eft le cimier de Saxe,
dont la Royale Maifon de Sauoye eft defcenduë. Expliquez vous
plus nettement, fi vous pouuez, finon il n'y a perfonne de bon
fens, qui ne iuge que vous eftabliffez l'opinion du Sieur Capré au
lieu de la combattre. Car fi ces demy colomnes font le cimier de
la Maifon de Saxe & que la Maifon de Sauoye foit iffuë dec el-
le-là, quel inconuenient que l'vne & l'autre porte vn mefme cimier. Il femble pourtant, que vous ayez eu quelqu'autre penfée
que vous n'auez pas peu bien exprimer, car vous dites puis apres,
que ces colomnes doiuent eftre deux hauts bonnets, ou tuyaux
de plumes à l'Orientale, dequoy vous n'apportez aucun garend,
& ie ne vois pas que les Ducs de Saxe & de Sauoye foient beaucoup plus honorez de porter fur leur Heaulme des bonnets ou
turbans de Ianiffaires que ces deux demy colomnes.

Vous faites neantmoins fort l'empefché & nous propofez deux queftions fort ardues pour faire connoiftre l'inconuenient, qui refulte de ces deux colomnes. Vous demandez en vn mot, que feroient des plumes fur des colomnes, &
pour

pourquoy des colonnes pour cimier fur des Armes, qui n'en ont point dans l'Efcu. Et on refpont à la premiere que tout ce qui regarde les Armes, & les cimiers depent entierement du caprice comme vous l'enfeignez vous mefme, & partant vous n'eftes pas raifonnable de demander raifon d'vne chofe qui n'eft point foumife au raifonnement. Et quant à la feconde on vous dit ce qui eft conu au moindre nouice de l'art qu'il n'ya aucune necef-faire liaifon entre le Cimier, & les figures de l'Efcu. Dequoy il fe trouuera vn nombre infini d'exemples des milleures maifons de la Chreftienté. Celle de Gouzague entr'autres à le mont Olympe pour Cimier lequel n'eft point dans fes Armes. Apres quoy vous ne deuez pas vous eftonner fi vous voyez des colon-nes fur les Armes de Sauoye, encore qu'il n'y en ait point dans le Blafon, & beaucoup moins apprehender que les Hercules de Sauoye ne foient affez robuftes pour porter ces colonnes (qui font peut eftre la figure de leurs Alpes) auffi loing, que celles de l'Her-cule de la Grece, & peut eftre encore *plus outre*, en qualité d'heritiers de Charle Quint, leur grand ayeul, qui les portoit pour deuife comme ceux cy pour Cimier.

Au refte ie n'ay rien à dire pour deffendre la memoire du Sieur Vulfon la Colombiere, qui n'eftoit pas impeccable non plus que le Pere Monet. Vous donnés le tour peigne à l'vn, & a l'autre, mais vous ne leur faites pas grand mal, & ie connois aux loüanges que vous donnez à ceftuy-cy, & aux Lambeaux des ouurages de ceftui la dont vous auez rapiecé le voftre que vous ne blafmes ces Auteurs que pour mieux cacher voftre l'arrecin.

Vous eftes plus iniufte à l'endroit de Nicolas Vpton, Cha-noine Anglois, que vous faites reuenir de l'autre monde deux cents ans apres fa mort, pour quereller le mefme Vulfon, & le Pere de Varennes. Prenez y garde, & vous verrez que ce crime n'eft point du Chanoine, ainfi d'Edouart de la Bifche, Gentil-homme de la mefme nation dont les fçauantes & curi-eufes reflexions ont efté Imprimées auec les œuures de l'autre ce qui vous à fait donner dans le panneau. Ce crime pourtant eft affez gratiable, & il eftoit fort aylé de vous en faire auoir

aboli-

abolitiõ. Mais vous ne voulez pas aduoüer la debte vous croyez
au contraire d'auoir bien rencontré , & comme vous estes
doüé d'vn profont raisonnement , vous nous voudriez per-
suader que comme les Gloses de Minos sur Alciat passent pour
Alciat mesme (ce sont vos termes) Ainsi les notes de la Biche sur
Vptõ peuuent estre citées sous le nom d'Vpton. De maniere qu'à
l'aduenir , le bon homme Accurse passera pour Papinien ; Les
Notes d'Erasme sur l'Euangile deuiendront Euangile , & les he-
retiques de ce temps feront dire à Saint Paul que le Mariage,
n'est ny Mystere, ny Sacrement , parce qu'Erasme qui est la
mesme chose que Saint Paul (à vostre dire) le iuge ainsi dans
ses Notes,

Ie suis aussi obligé de me deffendre en la personne de Louuan Geliot, que vous accusez de n'auoir pas entendu , le terme CLESCHE', employé dans le Blason des Comtes de Tho-
lose , dont la Croix est dite *Cleschée* c'est à dire , vuidée & per-
sée à iour. Qui est le veritable sens de ce terme singulier. Et
outre l'autorité de Louuan Geliot , qui vaut bien la vostre
nous auons encore celle d'André Fauin T. 1. du Theatre d'honneur, page 770. où il dit que le Collier, de l'Ordre de l'Espe-
race estoit composé de *Lozenges entieres & demies à double orle,*
émailléez de vert , OVVERTES *&* CLESCHEES *& remplies de*
Fleurs de Lys d'or. En fin ie croys auoir rendu cette opinion
indubitable , par l'autorité de Monsieur Pithou, qui m'a obligé
de me defaire d'vne pensée que iauois eüe sur ce sujet. Et c'est
vne chose estrange, qu'apres m'en estre expliqué si nettement,
vous me vouliez faire croyre que ie me sois attaché à vne opinion que ie condanne en termes exprez. Reuoyez mes Origines
si bon vous semble , & vous verrez que ie suspens mon iugement , & me sousmets à celuy dudit Sieur Pithou , de qui i'apprends que ce terme , *Cleschè* est venu de l'Aleman *Sclis*
Vnde , HERISCLIS , *Excercitus Scissio* , qui est le contraire de HERIBAN , *Excercitus conuocatio.* Ie remarque encore auec luy, que de ce mesme terme SCLIS , on à fait *Esclesche,*
& Escheschement de fief pour dire partage de fief. Et la *Croix*

B b

Clefchée, i. e. percée où vuidée comme d'Hozier & les modernes parlent pour euiter la rencontre d'vn terme fcabreux, &
peu intelligible. Mais de touts ceux la il n'y à pas vn qui fe foit
aduifé de dire que la Croix de Tholofe ait efté dite Clefchée,
par ce que les extremitez de cette Croix font arrondies comme
les Clefs communes de ce temps. En effect ces extremitez font
en Lozange. D'ailleurs l'analogie ne nous permet pas de faire
Clefché de *Clauis*. De là nous tirons le Clauier des Orgues où de
l'Efpinette. On enferme auffi diuerfes clefs dans vn anneau de
fer ou d'acier qu'on appelle vn clauier en France, & dans voftre
ruë vn clauandier. En Prouence on dit clauar pour fermer. Ils ont
auffi des Clauiers, Clauarij dans les tiltres, ce font Officiers de
ville deputés à la garde des Archiues, fi ie ne me trompe, & c'eft
tout ce qui fe peuft faire de Clauis.

Nous en demeurerons là pour le prefent. Car il n'eft pas neceffaire de faire l'Apologie de Monfeigneur l'Euefque de Saluf-
fes que vous importunez de voftre caquet auffi bien que les autres. Le merite de ce Prelat luy eft vn bouclier à fept doubles,
que vous ne fçauriez penetrer, & le rang qu'il s'eft acquis parmy
les Doctes, le met fi haut au deffus de voftre tefte, qu'il eft
bien malaifé que vous luy puiffiez donner atteinte. Mais c'eft
toûjours vne audace infupportable, & vne temerité fans pareille
à vn homme de voftre taille de vouloir cenfurer vne perfonne de
la fienne. Apprenez, apprenez, petit Efcolier que vous eftes,
qu'il y a vne difproportion prefqu'infinie entre les chardons des
valées, & les Cedres du Liban. Apprenez, dis-ie, petit Aduen-
turier, qu'à la guerre, & aux efchecs le Roy ne fe prend point
par vn Pion. Au refte ie voy bien que c'eft, tout regulier que
vous foyez, vous eftes agité d'vn chaud & ardent defir d'honneur & de gloire, mais la voye que vous prenez pour y arriuer
eft tres dangereufe. Croyez-moy, changez de methode defai-
tes vous deuant toute chofe de cette enflure de cœur, qui ne vous
permet pas de demeurer dans voftre peau, honorez vos anciens
au lieu de les picoter, que fi vous iugez qu'il foit neceffaire d'e-
crire contr'eux, imitez Chryfippe, qui tout habile homme qu'il
eftoit

eſtoit ſe vante d'auoir pris de l'hellebore plus d'vne fois pour ſe
bien preparer à eſcrire contre Zenon, croyez moy, mon Cher,
ie vous le dis encore vne fois, faites-en de meſme. Sinon i'apprehende, qu'il ne vous en arriue autant qu'à vn des Diſciples du celebre Timothée, dont l'hiſtoire toute funeſte qu'elle eſt ne laiſſe pas d'eſtre plaiſante & ridicule.

Ce ieune homme s'appelloit Armonide, & comme il eſtoit
cupide d'honneur auſſi bien que vous, il alla vn iour trouuer ſon
Maiſtre, & luy tint ce diſcours. Mon Maiſtre, dit-il, i'ay eu ce bon
heur d'eſtre voſtre Diſciple, & ie vous rends ce teſmoignage,
que vous m'auez enſeigné voſtre Art auec toute la ſincerité, &
fidelité poſſible. De voſtre grace, ie ſçay parfaitement bien accommoder le pipeau de ma fluſte, ie remuë les doigts haut &
bas auec dexterité, vous ne m'auez rien caché des ſecrets de voſtre Art, vous m'auez enſeigné tous les modes, le Phrygien, le
Lydien, l'Ionique, le Dorique, & j'y reuſſi s à merueilles. Mais
ce n'eſt pas tout, il y a encor ie ne ſçay quoy de plus important
que vous ne m'auez point monſtré, & toutesfois c'eſt cela ſeulement pourquoy ie me ſuis mis ſous voſtre diſcipline, plûtoſt que
d'aucun autre. En vn mot, ie ne voulois pas ſeulement eſtre ex·
cellent Meneſtrier, mais i'ay pretendu & deſire encore, s'il ſe
peut, en acquerir le bruit & la reputation, en telle ſorte, qu'en
quelque lieu que ie me trouue, ie tienne le haut du paué, & ſois
diſcerné, connu & diſtingué dans la plus grande foule. Bref, que
ie ne paſſe en aucun lieu, que ie ne ſois regardé auec admiration,
& qu'on ne die ſi haut que ie l'entende ἀτὸ ἐκεῖνὸ Ἀρμονίδης ἐςὶν
ὁ ἀγαθὸ αὐλητὴς· Le voyla, le voyla, le voyez vous pas ce grand
Armonide, cet excellent Fluſteur. Tout ainſi qu'il vous arriua
la premiere fois que vous ſortites de la Beotie, quant apres auoir
ioüé & repreſenté l'A i A x Furieux, vous rendites voſtre Art &
voſtre nom ſi celebre, qu'il n'y auoit perſonne, qui ne tint à honneur de connoiſtre Timothée le braue Thebain, ſi bien que par
tout où vous vous trouuiez tout le monde y accouroit en foule,
comme les Oiſillons s'aſſemblent en trouppe à l'entour d'vne
Chouëtte. Voyla, dit Armonide, pourquoy i'ay tant deſiré d'e-
ſtre

ftre Meneftrier ; voyla pourquoy i'ay pris tant de peine pour me
rendre bon Flufteur. Car à vous dire le vray , fi i'auois creu deuoir demeurer caché dans quelque coin fans eftre connu de
perfonne, ie n'aurois pas donné vn bouton de toute ma fcience, quand elle auroit efgalé celle d'Olympe , & du fameux
Marfyas.

Il n'eft pas neceffaire de vous raconter icy tout ce que l'Ambitieux Armonide put dire au bon Timothée, pour l'obliger à luy
defcouurir fon fecret. Suffit que ce Sage luy donna vn confeil
excellent, s'il euft fceu s'en feruir. Armonide, luy dit Timothée, ce que tu demande n'eft pas peu de chofe, ie te l'appren-
dray neantmoins en peu de paroles, & tu viendras à bout de tes
deffeins, fi tu me veux croire. Ie trouue bon, que tu te faffes voir
quelquesfois, & que tu te porte dans les Affemblée publiques
afin qu'on fçache ce que tu fçays faire. Mais il faut de la mefure
en cecy , & ne te confeille pas de te produire en toutes rencon-
tres. Fais feulement vne exacte recherche de tout ce qu'il y a de
grand, de puiffant & de riche dans toute la Grece. Fais-toy connoiftre à ces Puiffants, que fi vne fois tu peux gaigner l'aureille de
ces Meffieurs , tu as tout gaigné. Car comme aux Ieux Olympi-
ques & autres femblables Affemblées le prix ne fe donne pas à
l'appetit d'vne multitude ignorante ; mais de cinq ou fix perfonnes de qui defpendent toutes chofes ; ainfi dit Timothée fi tu
peux vn fois te rendre agreable à ce petit nombre de perfonnes
dont le credit & l'autorité entraine tout le refte, tu feras en bref
au comble de tes defirs. Tel fut le confeil du fage Timothée,
qui euft eu fon effet fans doute , fi le miferable Armonide euft
efté homme de ceruelle. Mais le pauure eftourdy en fit fi mal
fon profit , qu'au beau premier concert où il fe trouua, il fe prit à
fouffler & à flufter d'vne telle violence, qu'il creua & tomba roide
mort fur le theatre à la veuë de toute la Grece.

Voyla , Monfieur, le fuccez des deffeins ambitieux de cet in-
folent Flufteur, auec lequel vous auez autant de rapport que de
fympathie. Il eftoit Meneftrier de profeffion , vous l'eftes de
hom, d'inclination & pourquoy non de profeffion ? certes, Monfieur,

fieur vous en prenez la qualité dans l'Epigramme fuiuant que
vous auez fait en ma faueur :

> *On dit dans tout le voifinage,*
> *Qu'en vain vous faites le Coureur,*
> *Puis qu'vn Meneftrier de Village*
> *A fait danfer le Laboureur.*

Il eftoit ieune, vous n'eftes pas vieil ; il eftoit vain, orgueilleux
& ambitieux, & de ce cofté vous le deuancez de cinquante para-
fanges ; il monta fur le Theatre pour publier fa fuffifance & ie ne
crois pas vous offenfer, fi ie dis ce que tout le monde fçait, que
iamais vendeur de baulme ne fceut fi bien epiloguer les excel-
lences de fes drogues que vous vos voyages, vos remarques, vos
ouurages & vos defleins pour vne longue fuite d'autres pieces
rares, qui feront honte à toute l'antiquité. Et vous auez cecy
par deffus Armonide, que comme tous les Empiriques, Saltim-
banques & Charlatans defcrient leur femblables pour donner
credit à leur drogue, ainfi vous defchirez l'honneur & la reputation de tous ceux qui iufques icy ont efcrit de l'Art du Blafon,
afin de vous rendre maiftre abfolu de cette fcience, & de vous
eriger vn trône fur les ruynes de l'honneur & du credit de tous
ceux qui vous ont precedé.

Enfin le pauure Armonide creua fur le Theatre, & ie peux
bien vous affeurer, que fi vous ne mourez d'vne fi belle mort,
tous vos artifices n'empefcheront pas que voftre reputation, &
voftre Liure châcun en fa maniere, n'ayent vn fort auffi funefte
& ridicule tout enfemble que celuy de ce Malheureux. Ie fçay
bien que voftre Libraire, en a tout autre fentimét ; mais vous eftes
plus croyable que luy, vous en auez fait l'horofcope, lors que
vous auez dit, que vous ne pretendiez pas en faire vn meuble de
Bibliotheque. Le Volume certes que vous luy auez donné, fem-
bloit le deftiner à quelque miniftere que ie nomme point, ou
tout au plus à la boutique du bon homme, où il auroit efté mis
en pieces, il y a fort long temps que voftre qualité de Profeffeur,
ne l'euft garenty de cet inconuenient. Nous fçauons quelque

C c

chofe de voftre politique. Et aujourd'huy perfonne n'ignore que
dans vos Claffes , comme au fiege de Troye:

Quicquid delirant reges plectuntur Achiui.

Vous fçauez bien, Monfieur, fi ie dis la verité ; de laquelle
pourtant vous ne conuiendrez pas. Mais quelque mine que vous
faffiez , il eft conftant , que c'eft de cette fource que nous viennent tant de fatras en toutes fortes de fciences,qui font aux meilleurs Liures , ce que l'yuroye au bon grain, fans parler de ceux
que l'on eftouffe à deffein pour dégoufter les Doctes , ou pour
les maquignonner & les faire paroiftre fous vne nouuelle forme
par vn attentat pareil à celuy de ce fol Empereur,qui faifoit met-
tra fa tefte fur les plus belles ftatues des Dieux de l'antiquité
pour s'attribuer l'honneur qui eftoit rendu à toutes ces Diuinitez. C'eft de cette maniere, que voftre ouurage a efté bafty &
tous ceux qui s'y connoiffent , rient de bon courage de vous entendre dire , que cette fameufe piece eft plus d'imagination que
d'imitation.

Qu'ils en croyent pourtant ce qu'il leur plaira , vous auez raifon de dire , que voftre Liure eft vne piece d'imagination , mais
d'vne imagination bleffée, ou du moins fort eftonnée, & tres digne certes de la poftille de voftre lettre du mois d'Octobre , par
laquelle vous m'affeurez,que vous feriez le fol en huict langues;
Dequoy vous vous eftes dignement acquitté , & n'en attendois
pas moins, comme ie l'auois predit à voftre petit Officier. En general vous m'excuferez , fi ie dis , que vous ne paroiffez pas
fort fage en toute l'eftenduë de voftre liure. En effet fi la conftan-
ce & l'egalité d'efprit en toutes chofes eft le caractere le plus certain d'vne Ame bien faite & d'vn homme bien fenfé. Que voulez
vous que nous penfions d'vn efprit de Giroüette , qui change
plus fouuent de figure que le Protée de l'antiquité , qui reçoit
plus de couleurs que le Chameleon, qui eft perpetuellement agité de contraires penfées , & qui pour tout dire en vn mot :

Diruit , adificat , mutat quadrata rotundis.

Ce

Ce que ie vous dis icy, ne font pas des imaginations, ce font des veritez fenfibles, reelles & effectiues, par lefquelles ie pretends de vous montrer que vous n'auez rien de plus conftant que l'inconftance,rien de plus propre que le vertige, rien de plus effentiel que la legereté & l'agitation continuelle d'vn nombre infiny de contraires fentimens,qui vous emportent tantoft deça tantoft de là comme vn nauire fans mafts & fans voiles au milieu des flots d'vne mer agitée.

Ie commence par voftre Preface, ou apres auoir canonné d'abord, esblouy & eftonné voftre Lecteur, de cinq ou fix phrafes mõftrueufes vous vous laiffez emportez au vẽt de cette legereté de maniere que les Armoiries qui de prime face vous paroiffoient *des figures de fantaifie & d'imagination,*au tourner du feuillet deuiennent de pieces *concertées & eftudiées, qui font en deux traits de pinceau toute l'hiftoire d'vne grande famille.* Ce qui n'eft pas portant fi bien determiné, qu'à deux pas de là ces chefs-d'œuure de l'Art, ne retournent en leur premier eftat, & ne deuiennent *des griffonnemens & des pieces de caprice,*comme celle de ce fameux Peintre, qui fit d'vn coup d'efponge ietté par depit contre fon ouurage, ce qu'il n'auoit peu faire auec le pinceau.

Mais ne nous pas haftons ce n'eft pas encore tout.En effet quelque caprice qui fe rencontre dans ces griffonnements,cela n'empefche pas que les Familles Nobles, ne fe foient pleuës en ces jeux de l'imagination, & *quelles ne les ayent chofis à deffein pour laiffer à la pofterité, les monuments de leurs belles actions.* Mais apres y auoir bien penfé vous prenez vne autre brifée, jufque a prendre à partie le pauure la Colombiere,qui auoit enfeigné que la Theorie des Armes defueloppoit touts les myfteres qui font enfermez dans chacune Armoirie en particulier ; Que c'eftoit (comme vous difiez tantoft) vne hiftoire abregée de touts les hauts faicts d'vne grande Famille. Mais il fe trompoit fans doute, & vous auffi : Car *la Partie la moins confiderable du Blafon eft cette Theorie,& tout bien examiné elle n'a rien de certain, toutes fes traditiues font fabuleufes,* de maniere que comme vn foible rofeau vous inclinez ores ça, ores là felon les diuers mou-

ue

uements dont voſtre eſprit eſt agité.

En la page 147. vous dites que les ornements de l'Eſcu qui ſont les Heaumes, cimier, &c. ne ſont pas de *Leſſence formelle de l'Eſcu, & qu'ils ont plus deſpendu de la fantaiſie & du caprice des Caualliers qu'ils n'ont eſté reglez par les Herauls.* Mais comme vous n'eſtes pas Marchant à vn mot, vous changes d'Auis en la page 167. Et voulez obliger le Sieur Capré, *de rendre raiſon* du cimier des Armes de Sauoye, ne vous ſouuenant plus de ce que vous venez de dire que toutes *ces gentilleſſes ſont pluſtoſt du effects des caprice que du raiſonnement*, ce qui ſuffit pour faire voir voſtre legereté qui eſt ce dont il ſagit; car ailleurs nous auons repouſſé ce que vous auez voulu dire contre ledit Sieur Capré.

En la page 97. Il ſemble que le vair doiue eſtre vne eſpece de fourrures. En effect vos Auteurs, (qui ſon le Pere Monet, & autres deſemblable force) ſont de ce ſentiment, & vous meſmes page 98. Dites que ce mot *vair* vient du Latin, *varius pelles varia, &c.* Mais comme vous eſtes plus diuers, & plus bijarre que cette fourrure vairée, vous eſtes d'vn autre aduis en la page cent. Et ce vair n'eſt plus vne fourrure de deux couleurs; c'eſt cette ſorte de robbe où de veſtement que les anciens appelloient, *veſtes ſcutulatas.* Nous examinerons cy apres cette opinion voyons ce pendant cet article à fond. En la meſme page 97. vos Auteurs diſent que le vair eſt *ſemblable à des formes de Chapeaux, cloches ou Beffroys*, & vous meſme en la page cent dites d'vn ton magiſtral, *que les robbes eſcuellées ſont vraiement nos vairs qui ont la forme d'vn verre ou d'vn vaſe.* Ce queſtant ainſi pourquoy dites vous que Monſieur de Saluſſe, s'eſt équiuoqué quant il a dit que par le terme François *vair* on entend des verres ſans pieds, en façon de Campanes où de chapeaux à hauts bors? Au reſte vous n'oſeries dire que ledit Sieur ait entendu cecy, autrement que de la ſimilitude qu'il y à entre le *vair*, & les Campannes &c. Mais quant il auroit eû vne autre penſée & qu'il auroit dit affirmatiuement que ce *vair*, & les Campanes fuſſent la meſme choſe il vous auroit pour Auteur; & auparauant

rauant que le condannervous deuiez penfer a ce que vous auiez à dire en la page cent dix, où vous enfeignez fort diferrement a voftre ordinaire que les *Vairs pourroient eftre les bouts & la dentelure des houffures de Tournoy que la Marche appelle Campanes.*

Page 98. & 99. Vous faites vn long difcours pour monftrer que les *Grands vairs*, (ie m'accomode à vos façons de parler) ne doiuent pas eftre appellez BEFFROYS: Vous proteftez que vous eftes du fentiment de l'Auteur moderne, & raportez mefme les autoritez dont il s'eft feruy pour appuier fon fentiment. Et aprez tout cela quoy. *Nunquid pardus mutare poterit varietates fuas?* Non cela ne fe peuft. En effect vous parlez d'vne autre maniere, en la page 130. où pour eftre bien auec tout le monde, vous dites que le BEFFROY *en Armes eft vne machine de guerre*, comme l'Auteur moderne: Où comme vos Auteurs qui font honneftes gents & meritent bien cette petite condefcendence, *Que c'eft vne piece de la forme des vairs mais beaucoup plus grande.*

Page cent & dix le SAVTOIR eft vne piece des Barrieres d'vn Camp. Ailleurs, page 422. c'eft *vn Deuidoir à deuider le filet & faire les efchenaux*; Meneftrier accordez vos fluftes fi vous pouuez.

page 132. *Coquerelles*, font noifettes dans leur fourreau, telles qu'on les voit quand elle font vertes. Et en la page 408. ce ne font plus des *Coquerelles*, ny des noifettes. Ce font des *Coquerettes* qui font les fleurs de *l'Alcakengue où Solanum*. Qu'en faut il donc croyre? Ie m'enraporte. Mais fi ce font des *Noifettes* ne les nommez plus, *Coquerelles*. Car ce terme eft trop prouincial, & ne fçay point d'Auteur de nom qui les ait appellées ainfi. Remy Belleau que Ronfart appelloit le Peintre de la Nature, les nomme *Noifilles* en fes Bergeries.

Ie te donne vn trochet de cent noifilles franches. où vous remarquerez que *Trochet*, veut dire bouquet parce que ce fruit vient par bouquets, appellez trochets en ce lieu, du terme *Truche*, qui fignifie *Trouppe. Vnde, Marcher en truche*, dans le Co-

D d

remonial de France, pour dire aller comme on se trouue. Ce que
i'ay voulu obseruer pour vous faire veoir que ce bouquet du
Blason des *Huaults* Famille de Paris, est bien éloigné de ce
que vous appellez barbarement, *Coquerettes*. Vous vouliez dire
de la *Coquerée* où *Coqueret* comme dit Ruellius. Plante commune à l'entour de Paris laquelle fait tige, d'où elle produit,
non des fleurs comme vous dites, mais des fruicts de couleur de
Nacarat, enfermez dans vne bourse où vesie verte en son com-
mencement, & blanche en sa maturité à raison de laquelle, ceste
plante s'apelle aussi *Vesicaria*. l'Importance est que ces fruicts ne
viennent point par bouquets, & n'ont nulle conuenance auec
le Blason de question que vous auez veu chez la Colombiere. Mais il vous importe peu que ce que vous dites soit a
propos où non, pourueu que vous parliez, & que vous disiez
quidquid in buccam.

Page 135. ESSONNIER est vn *Ourle fleuronné*, on le nomme autrement *Trescheur*. Et en la Page 143. Ce *Trescheur* qui
estoit tout maintenant vn *Ourle simple*, sera desormais vn double
Ourle fleuronné.

Page 137. Vous dites que la GVIVRE *est vn serpent qui deuore vn enfant, comme celuy de Milan*, & au mesme lieu, Que le
terme *Issant, se dit de l'enfant que la Guiure, ou Bisce semble deuorer*. De maniere que cet enfant deuroit bien plûtost entrer
dans le ventre du serpent que d'en sortir, puisque le serpent le
deuore. Et cependant en la page 415. cet enfant n'entre plus
dans le corps du serpent, il en sort au contraire. Car le terme
*Issant, vient d'Issir, qui signifie sortir, & s'applique à l'enfant que
le serpent semble deuorer*. Inconstance horrible! quoy? ne disiez
vous pas tantost distinctement, que la Guiure est vn serpent, qui
deuore vn enfant? Pourquoy donc dites vous maintenant, que
ce serpent semble deuorer? Parlons nettement, ie vous prie. Cet
enfant entre-t'il dans le ventre du serpent, où s'il en sort? s'il
en sort, comme vous dites en la Page 415. comment pouuez
vous dire, Page 137. que cet enfant est deuoré? Que s'il est deuoré, en quelle maniere peut-il sortir du ventre de cet animal

car

carnacier? Ce Monftre feroit-il du naturel de la Baleine, qui engloutit le Prophete Ionas pour le reuomir puis apres. Et cet enfant imiteroit-il ces petits Chiens marins de la mer d'Iflande, qui entrent & fortent dans le ventre de leur mere, quand bon leur femble?

Au refte vous donnez vn aduis important à voftre Lecteur, que *l'enfant marriffant* de ce mefme Blafon de Milan, fignifie vn enfant *mafle Iffant*, ce que ie n'ay pas entendu, ainfi que vous dites. Or en cela i'aduoüe ma foibleffe & vous declare, que ie n'ay compris, ny ne peux comprendre encore cette belle explication. Car fi par ce mot de Mafle, qui eft affez mal efcrit, vous entendez vn enfant du fexe mafculin, ie voudrois bien fçauoir, de qui vous tenez cette nouuelle, peut-eftre que cét enfant eftoit le grand Alexandre, comme Alciat le femble dire. Et en ce cas, le ferpent n'auroit pas deuoré, ce precieux enfant & vous feriez obligé de reformer tout ce que vous auez barboüillé fur ce fuiet. Que s'il faut lire Mal iffant pour exprimer l'enfantemét malheureux de cette befte, vous n'auez pas mieux rencontré, parce que cet enfant naiffant la tefte la premiere, il n'y a rien de finiftre en cet accouchement, qui eft le plus naturel & le plus heureux : Au contraire tous les autres font difficiles, & prefque toûjours funeftes à l'enfant & à la mere, & c'eft de là que font venus les *Agrippes, Cefars & Cafoniens.* Et partant ie me tiens à mon explication, dautant plus naturelle que tous les hommes pleurent & gemiffent en naiffant, ce qui eft fignifié par le participe *Marriffant* deriué de l'ancien verbe François *Marrir*, pour dire fe courroucer & fâcher.

Prenez patience, Monfieur, i'auray tantoft fait, il ne me refte plus qu'à montrer que vous eftes fol en huict langues, s'il s'en trouue tant dans voftre ouurage, ce que i'expedie le plus briefuement qu'il me fera poffible, de peur de vous ennuyer. Et pour commencer par les plus connuës, ie trouue que vous eftes fol, *en bon François*, encore que le voftre foit tres-barbare & pour cela il n'y a pas à marchander, il ne faut qu'ouurir voftre Liure & fi on ne trouue vne fottife en quelque lieu, qu'on fe

ren-

rencontre, dites que ie n'y entends rien. En effet si l'on en oste
les vanitez, iactances, impertinences, inepties, beueües & autres fautes de iugement & de conduite, il ne restera que tres-peu
de chose, qui ne merite animaduersion. Vostre Preface que vous
auez tant aymée, est pire que tout, elle triomphe en apparence,
& qui ne la void que de loin, la trouue pompeuse & magnifique,
mais si on la considere de prez, on y trouuera plus de plastre &
de fard que de solide beauté, plus d'enflure que de suc, plus de
fanfares & d'extrauagances que de iugement & de prudence. Ie
m'arreste à la premiere partie, *que incipit à strepitu & desinit in*
crepitum, & c'est vne chose plaisante que tout ce grand orage
de paroles ampoullées aboutisse à vne proposition fausse, temeraire & insolente. *Que nos Souuerains recompensent des veri-*
tables dangers par des bien-faicts en peinture. Ce qui ne leur est
pas moins iniurieux qu'à la meilleure Noblesse. Car quant tous
nos Braues seroient si stupides que de prodiguer leurs biens, leur
sang & leur vie, pour des Couronnes de papier & des recompenses en peinture, nos Roys sont trop iustes & genereux pour ne
partager auec leurs suiects les fruicts de leurs conquestes, dont
tout l'honneur & la gloire leur demeure. Ce qui a fait dire à
Cassiodore, que la reconnoissance des belles actions est vne marque de la iustice du Prince. C'est pour cela que ces recompenses
sont appellées *Fisci, Regalia, Beneficia, Honores.* On les appelle
Fisci & Regalia, parce qu'ils sont emanez du Tresor de nos Roys,
Beneficia, parce que bien souuent la liberalité du Prince surpas-
se le merite de ses suiects, on les appelle aussi *Honneurs,* parce
que les bien-faits sont des tesmoignages rendus à la vertu de
ceux qui les reçoiuent. Et au fait qui se presente, vous ne pouuez pas ignorer, que vostre Geofroy le Velu sur le Blason duquel
vous bastissez cette Preface ridicule, n'ait receu en mesme temps
l'inuestiture de la Comté de Barcelonne, ou de Charles le Chauue, comme disent nos Historiens, ou de Louys le Begue, selon
Beutherus. Apres quoy, il faut bien estre fol fieffé, pour s'imaginer qu'vn Blason fabuleux ait plûtost esté la recompense de ses
seruices, que ce bel heritage.

Ie

Ie ne vous preffe pas d'auentage fur cet article. Les fautes
que vous y faites ne font que trop notoires,& en fi gtãd nombre
qu'on en feroit vn jufte volume, voylà pourquoy ie paffe à la
langue Latine où vous eftes pour le moins auffi fol qu'en voftre
langue maternelle.

Page centiefme de l'Art pretendu veritable vous mettez
en auant que les Robbes appellées des Latins, *fcutalata* font
vrayement nos *Vairs*, *qui ont la forme d'vn verre*. Ce qui
ne peuft eftre en façon quelconque, & de trois opinions qui
fe rencontrent fur ce fujet, il ny en à aucune qui vous fauorife.
La premiere que vous apportez, eft de Nicolas Perrot. Il ne dit
pas quelles eftoient les figures qui paroiffoient fur ces Robbes,
Efcuellées; Mais on collige de fon difcours que l'eftoffe de ces
Robbes, eftoit en qu'elque façon femblable au *Tabis où Came-
lot vndé* ce qui eft bien éloigné de noftre *vair*, car c'eft ainfi qu'il
faut parler s'il vous plaift, fi vous ne voulez paffer pour Barbare:
en la langue du Blafon, auffi bien qu'en toutes les auttres. La
feconde eft d'Ifidore qui femble nous fignifier que les, varie-
tez qui fe voient fur les Robbes de queftion, font femblables à
celles des Cheuaux que nous appellons *Pommelez*. *Scutulatus
Equus inquit, fic dicitur propter orbes quos habet candidos
inter purpureos.* Ce qui n'a gueres de rapport à vn verre fans
pied où à vne Cloche. La troifiéme opinion eft diametralle-
ment oppofée à la voftre, & a celle de ces Auteurs. Elle eft de
Turnebe qui demonftre que ces Efcüelles eftoient quarrées bar-
longues, & non rondes contre, le fentiment d'Ifidore, & de
tous les Grammairiens. Sa raifon eft conueinquante, que là
forme de l'Efcüelle (*Vnde veftes fcutulata, & fcutulatum Ara-
neorum rete*) n'eft point ronde ains quarrée barlongue. Il la
confirme par l'autorité de Cenforin cap. 22. *Heteromecos qua-
drangulum nec latera habet paria, nec angulos rectos fimile fcu-
telle*; Et enfin par lafigure de l'Efcu des Legionnaires Romains
qui eftoit quarré longuet. Or fi ces Efcüelles, & *Scutulata veftes*
font deriuées de l'Efcu, Iuges ie vous prie qu'elles eftoient leur
figures & quel rapport elles pouuoient auoir à vn verre fans pied.

E e

Vous eftes encore plus fol en cette langue en la page 105. où vous rangez les *Cincinnats* auec les *Coruins* , & les *Torquats*, & vous imaginez que ce furnom des Quintiens ait efté vne marque de quelque action genereufe du chef de cette famille , & de fes defcendants. Peufteftre que leur valeur eftoit attachée à leur cheueux crefpus annelez & recercellez , comme il fe lit de Satofon. En effet nous apprenous de Suetone, que Caligula traicta vn de cette race de la mefme maniere que Dalila fon Mary Samfon : Ce qu'il fit auffi à plufieurs autres qui auoient de belles Perruques qu'il leur fit rafer par deuant. Mais ce n'eftoit pas pour cela qu'il en vfa de la forte a leur endroit ains pour les des-honnorer en leur oftant cette belle cheuellure frifée , qui eftoit propre de touts les Quintiens à raifon dequoy Suetone l'appelle , *Vetus familiæ infigne.* Que fi vous voyez chez le mefme Suetone, qu'il ofta à vn Manlien , le collier qu'il portoit comme defcendu de celuy qui le premier obtint le nom de *Torquat*, il ne faut pas vous imaginer que ce *Quintien* maltraicté par *Caligula*, portaft vne Guirlande où bouquet de cheueux, comme ce Torquat vne chaine d'or. Point du tout. Cn. Pompée iffu du grand Pompée auquel l'Empereur ofta le Surnom de *Grand*, ne portoit fur foy aucune marque ou fymbole exterieur Equiuoque à ce furnom de grand, par lequel on le peuft connoiftre. Mais parce que le naturel enuieux,& malin de ce Prince ne pouuoit rien fouffrir d'excellent en qui que ce fut, il ofta au Manlien la chaine, à Pompée fon furnom & à noftre Quintius fa peruque. l'Auteur dit tout net *Crinem* qui eftoit crefpu d'vne telle maniere qu'il fuffifoit pour monftrer qu'il eftoit iffu du grand Quintius furnommé *Cincinnatus* non pour auoir fait quelque action heroïque comme *Manlius Torquatus*, où à raifon de quelque euenement fingulier comme *Valere Coruin*, mais parce qu'il auoit vne belle tefte , tout ainfi que les Domitiens furent nommez *Enobarbi* où Barberouffes, les Horaces, & quelques Scipions *Barbati* où *Barbus*, & les Emiliens *Barbulæ* où petites Barbes , les Saluftes *Crifpi* , les Liciniens *Calui* & ainfi de mille autres que vous verrez chez les Auteurs qui traitent des noms Romains.   Vous

Vous n'eftez pas plus fin en cette matiere des noms Romains,
en la page 346. où vous confondez les prenoms auec les noms
des familles Romaines, ce qui n'eft pas excufable en vn Profeffeur. Les Marcels & Marcellins pouuoient bien eftre noms de familles : Mais non celuy de Marc, qui eftoit vn prenõ defendu par
Edict à tous les Manliens en haine de celuy qui attenta à la Mo-
narchie. Il faut donc diftinguer entre le Prenom, qui eftoit
commun à toutes les familles Patriciennes & Plebeiennes. Le
nom qui eftoit *totius gentis*, ou de toute vne race, dont les particuliers eftoient diftinguez par ce Prenom, & beaucoup mieux
par le furnom, qui eftoit d'vne branche ou famille, comme les
Scipions, Lentules, Cinna & Sylla de la race Cornelienne, & enfin par l'Agnom, qui eftoit vne efpece de foubrifure. Et de cette forte eftoient les Africains, Nafiques & Barbus dans cette famille des Scipions. I'ay honte de m'amufer à ces bagatelles, mais
vous deuriez bien eftre plus honteux d'ignorer, ou quoy que ce
foit de parler fi mal de chofes communes, & fi triuiales parmy les
gens de lettres.

Nous auons déja parlé de la *Deftrochere*, & obferué voftre ir-
refolution fur ce terme que vous expliquez diuerfement felon
les temps & les faifons. Mais aujourd'huy il ne s'agit pas de cela, nous en cherchons l'origine, & vous montrez en ce poinct,
que vous n'eftes pas plus fage en Grec qu'en Latin. En effet,
Monfieur, il ne vient pas du Grec, δεξιοψάχει, comme vous
auez voulu dire, (la raifon eft, que ce terme δεξιὰ tout feul,
fignifie la main droite fans y adjoûter le fubftantif, qui eft fouf-
entendu. Voyla pourquoy vn fçauant homme a efcrit, que *dextrocherium dicitur quafi* δεξιόχειρον. Il dit quafi δεξιόχειρον car encore
que les Grecs ayent compris le bras fous le nom de la main,
comme remarque ce docte, fi eft ce, que ces joyaux, que les Latins
nomment *Deftrocheres*, n'eftoient pas tellement attachez au
bras droict, qu'on ne les portaft au gauche.

Enfin vous auez dit, qu'au lieu de Capitolin, que nous auons
cité dans nos origines, & vous en l'Art pretendu Veritable, page 410. *Dextrocherium* fe prenoit pour vn Braffelet, comme fi

vous

vous vouliez dire, qu'il fignifioit autre chofe ailleurs, vne pante de manche, par exemple. Or fi cela eftfouuenez vous d'apporter des autorités, finon vous m'excuferez fi ie dis, que vous n'eftes pas plus fage en Grec qu'en Latin. Outre ce paffage de Capitolin ie vous donne auis qu'il y en a vn autre de luy-mefme *in Maximino iuniore*. Vn autre de Trebellius Pollio en la vie de *Quietus*. De S. Ambroife en celle de faincte Agnes. De Lucifer de Cailler en Sardaigne *de non parcendo in Deum delinquentibus*, où vous ne trouuerez point que ces dextrocheres ayent iamais paffé pour des pantes de Manches.

Vous eftes fol en Grec & en Latin en la page 74. où vous mettez l'Ochre entre les termes barbares. Remettez-vous, Monfieur, & apprenez de voftre Scapula, que ce terme eft pur Grec ὤχρα, duquel les Latins fans rien changer ont fait leur *Ochra*, & nous noftre Ocre.

Vous n'eftes pas moins fol en Hebreu qu'en Grec & en Latin, & encore que ie n'entende rien en cette langue, ie fuis affez habile homme, pour connoiftre que noftre *Badelaire*, ne vient point de *Badal*, la raifon que vous en apportez, n'eft pas fort conuaincante, car fi les Badelaires couppoient vn homme en deux pieces, comme il eft arriué au fiege d'Antioche par les Chreftiens, où le grand Godefroy donna vn fi rude coup à vn Sarrafin, que la moitié de fon corps demeura fur le champ, & l'autre fut reportée par fon cheual dans la Ville. Et plufieurs fois en Albanie où Scanderberg couppa deux Turcs liez enfemble d'vn feul coup de fabre. Sçachez que cela dependoit autant du bras que du Badelaire. D'où vient qu'Amurat fecond eftant en treues auec ce petit Alexandre, & luy ayant demandé de voir cette efpée, qui faifoit tant de merueilles, il la luy renuoya affez mal fatisfait, apres auoir veu, que ce bafton entre les mains des plus robuftes de fa Cour ne faifoit rien d'extraordinaire. Ce que i'ay voulu marquer icy, parce que vous raportez cette hiftoire autrement, & pour vous apprendre que tout ce qui couppe n'eft pas Badelaire, & que tout Badelaire n'eft pas capable de faire les coups que vous dites, s'il n'eft bien emmanché.

C'eft

C'eſt ce que i'ay obſerué des langues anciennes, que l'on appelle matrices. Ie paſſe à celles qui en ſont emanées, & trouue que vous n'eſtes pas fort ſage en Italien. Comme en la page 405. où vous dites que noſtre Buſte vient de l'Italien *Buſto*, qui ſignifie vne teſte humaine auec vne partie de la poictrine ; c'eſt voſtre penſée, & tout au contraire ce terme ſignifie propremét vn tronc ou ſtatuë, qui n'a point de teſte *Philippo venuti* en termes expres *Buſto per il corpo ſenza teſta*, Monſieur Meſnage tout de meſme pour vn corps ſans teſtes, bras & iambes. Vous paroiſſez auſſi barbare en cette langue, page 404. où vous dites que noſtre Guyure eſt *la Biſcha* des Italiens. Vous vous trompez, les Italiens eſcriuent *Biſcia*, & prononcent *Biſche*, excuſez vous ſur voſtre Imprimeur, ſi vous pouuez.

Aprez auoir examiné ce que vous pouuez en la langue Italienne, ie viens à l'Heſpaignolle de laquelle vous n'auez qu'vne fort legere teinture, comme nous auons veu cy deſſus en parlant du *Sautoir*. Et a fin que perſonne n'en doutaſt, vous nous en donnes vne nouuelle preuue, page 428. De l'Art pretendu veritable ; où vous dites, par erreur que noſtre *Viure Armorialle* eſt deriuée de l'Eſpagnol *Biuora* où *Viuora*. Car il eſt euident que la Biuora des Eſpagnols ; Et la viure de nos Herauts eſt tirée du Latin *Vipera*, par le changement de la lettre P, en l'v conſonante dont nous auons cent exemples. Ainſi de *Sapo* nous auons fait *Sauon*, de *Cepa*, ciue, *Cupa*, Cuue, *Sapa*, ſeue. Les Lyonnois diſent ſaue. *Sapor*, ſaueur. *Napettus*, nauet. *Ripa*, riue. *Papilio*, Pauillon. *Paputtus*, pauot. *Lupa*, Louue. *Lupara*, Louure. *Sabaudia*, Sauoye, *Capilli*, les cheueux. *Capra & Capreolus*, Cheure & Cheureul. *Lepus Leporis*, Lieure. *Separare*, ſeurer. *Recuperare*, recouurer. *Cooperire*, couurir. *Aperire*, ouurir. Et ainſi de autres. Pour l'Eſpagnol, *Biuora*, il eſt tout clair qu'il vient de *Vipera*, en changeant l'v conſone, en B, ce qui eſt familier aux langues Latine, & Françoiſe & ſur tout à la Gaſconne dans laquelle il y a vn commerce perpetuel de l'vne de ces lettres auec l'autre. Quand à la voyelle que nous ſuprimons, les Eſpanols l'ont changée en O, qui domine chez eux.

F ſ

Le defir que vous auez de paffer pour habile homme en cer-
te langue vous a fait auffi dire en la page 413. que le *Giron* eft vn
diction Efpagnole pour preuue dequoy vous apportez voftre Dictionnaire, qui dit, qu'elle fignifie proprement *le Gouf-*
fet d'vne chemife. Mais comme ce terme eft fort vfité en noftre langue, laquelle eft pour le moins auffi ancienne que l'E-
fpagnole, i'eftime que s'il en faut chercher l'origine, nous deuons
plûtoft recourir aux langues Matrices qu'à celles qui en ont efté
formées. C'eft pour cela que i'ay tiré nos *Giroüettes,* les tuiles
Gironnées & le Giron Armorial du Latin *Gyrus.* Ie pretends
mefme en faire fortir cette derniere efpece de Gyron, que l'on
appelle en Latin *Gremium.* Ie repete donc icy ce que i'ay dit ailleurs, que nos *Giroüettes* viennent de *Gyrus,* & ie croys que cette
Origine eft fans difficulté. La difpofition qu'elles ont de tourner
à tous vents, comme certains Moynes Libertins à courir de tous
coftez, à raifon de quoy ils eftoient nommez *Gyrouagi,* en eft vne
preuue indubitable. Quant à l'efpece de tuile pointuë, que l'on
nôme *Giron* en Frãce, fi elle ne tourne ainfi que les Giroüettes, elle
en a la figure auffi biẽ que le Giron Armorial, ce qui fuffiroit pour
luy en cõmuniquer le nom & l'origine. L'vn & l'autre pourtãt
tourne en quelque maniere ; Car comme i'ay dit ailleurs, les
tuiles Gironnées font atrangées *in Gyrum* autour des couuerts de
figure ronde, & les Gyrons Armoriaux à l'entour de l'Efcu : Au
centre duquel les pointes viennent aboutir, comme les tuiles Gironnées à la cime des Tours, qui eft le centre de ces edifi-
ces. La penfée de Spelmanus n'eft pas fort efloignée de la noftre. Il dit, que ces figures Armoriales dont eft queftion, font
appellées *Girons. Quod in Scutigremio, Gallis,* Giron, *coeunt.* Et
fort à propos. Car comme les Robbes de nos anciennes Matro-
nes, & les Vertugales mefme des derniers temps eftoient fort
amples par en bas & tres eftroites vers la ceinture ; Il falloit par
neceffité que cette partie de robbe fuft compofée de chanteaux,
lefquels eftants femblables à nos Girons, ils en ont receu le nom.
En effet ces chanteaux de Robbes font appellez Geronnes dans
le Perceforeft. Noftre Froiffart donne le mefme nom au Giron

ron Armorial au Blason du Conneſtable d'Angleterre du nom
de Mortemer, qui eſt vn Enigme pour les Nouices de l'Art. La
Chronique de Flandres dit, que le Comte Philippe quitta les
Armes Gironnées. Mais le ſeul nom de Giron eſtant demeuré aux
Armes, il a auſſi paſſé au meſme temps à cette partie des habits,
qu'on appelle en Latin *Gremium*, & Giron en noſtre langue.

Voyla, Monſieur, l'origine de cette derniere eſpece de Gyron, qui vient radicalement de *Gyrus*, comme tous les autres.
De *Girus* les Latins ont fait *Gyrare.* Et nos vieux Gaulois *Guirer*,
d'où vient qu'Orderic Vitalis liu. 13. de ſon hiſtoire Eccleſiaſtique, appelle les fuyards *Guiribecci*, ce qui n'a pas beſoin d'explication. Or comme de Gyrare on a fait le vieil mot *Guyrer* a dou-
cy depuis, en *virer*, ainſi quelques Hetaults anciens, & Geliot
meſme entre les modernes on dit *Guiron*, pour Giron, apres quoy
i'eſtime qu'il ne faut plus douter de l'origine de ces termes, qui
ſont plus François qu'Eſpagnols. Mais quoy, c'eſt voſtre Marotte
& vous aymez bien tant cette natiõ, que vous luy attribuez meſme
l'inuention du Ieu des Eſchecs, cõme ſi nous ne ſçauions pas que
l'Ingenieux Palamedes en eſt l'Auteur dés le téps du ſiege de Troye, d'où il s'eſt répédu par toute la terre habitable. Quoy qu'il en
ſoit les Iſlandois meſme tous barbares qu'ils ſont, iouent fort
bien aux Eſchecs. Les Turcs de tout temps y ont eſté grands
Maiſtres & l'on obſerue, que celuy qui vint auertir Curbagat
que les Chreſtiens ſortoient d'Antioche pour le Combatre le
trouua iouant aux Eſchecs. Aprenez auſſi de Ioinuille que le
Vieil de la Montagne enuoya à ſaint Louys, *Tables & eſchecs de*
Cryſtal, le tout fait à belles fleurettes d'ambre liées ſur le cryſtal à
belles vignettes de fin or. De ſorte, qu'à vous en dire le vray,
il y a plus d'apparence que les Eſpagnols ayent apris ce ieu
des Maures & Sarraſins, que les Maures & autres Nations, des
Eſpagnols.

Ceey ſuffira pour la langue Eſpagnolle, reſte de vous faire
veoir que vous reſuez en Aleman, auſſi bien qu'és autres langues. En effect les Alemans n'appellent point leurs Ceriſes *Cre-*
ques, comme vous auez dit en la page 409. Le Ceriſier eſt vn
Arbre

Arbre eſtranger à leſgart de ces peuples, qui l'ont emprunté auec
le nom, de ſon pays. Et i'apprens des Alemans naturels qu'ils
le nomment. *Kirſin baum*, & la Ceriſe *Kerſe* en Latin *Ceraſus*.
Cette lãgue quoy qu'ancienne a quantité d'autres termes qu'elle
à receus de ſes voiſins, & nous apprenons, de Valafridus que le
terme *Kerk* entr'autres d'où le P. B. à voulu deriuer le *Crequier*
pour en faire vn *chandelier d'Egliſe*, n'eſt pas Aleman d'origine. C'eſt vn deriué du Grec, Κυριακὸν qui eſt ce que les Latins ont
appellé *Dominicum*, c'eſt a dire vne Egliſe, de quoy il rent la raiſon, qui vous apprandra quelque iour que le terme *Banner*, eſt
encore vn terme eſtranger emprunté du Grec, βανδὸν d'où les
Hongrois ont fait leur *Bander*, les Italiens *Bandiera*, les François
Banniere, & les Alemens *Banner*.

Nous finirons icy Monſieur car ie ne trouue point d'Anglois
dañs voſtre bel ouurage, nous verrons à l'auenir comme vous
vous en eſcrimeres. Mais ſi l'on peut iuger de la taille d'Hercule
par le veſtige de ſes pieds, & du Lyon par ſon ongle, ie conois
à peu pres ce que iay a craindre où a eſperer de ce coſté. Soyez
donc tant habile qu'il vous plaira en toutes ces lãgues, ioignez-y
le Syriaque le Chaldaïque, l'Arabe, le Perſan, l'Indien, le Chi-
nois, le Iaponois, & en general toutes les 75. langues de la
terre habitable ie ne conſidereray tout cela en vous, que comme des moyens, de faire connoiſtre voſtre folie. Ie ne vous of-
enſe point Monſieur mon amy vous me contraignez d'uſer
de ces termes. Et vous monſtrez bien que vous n'eſtes pas fort
ſage de m'inuiter à vous reſpondre en huiĉt langues: Comme ſi
pour auoir inſeré quelque meſchant mot mal entendu, de chacune de ces langues dans vn mauuais ouurage, vous deuiez eſtre
capable d'en eſcrire des volumes.

Croyez moy Monſieur, apprenez bien à parler voſtre langue
maternelle, & l'emploiez côtre moy le meſforceray lors de vous
reſpondre. Pour toutes les autres laiſſes les en repos, elles ne ſont
pas propres pour expliquer les termes du Blaſon qui n'ont grace
qu'en noſtre langue comme vous auez dit pluſieurs fois. Auiſes
auſſi de ne pas profaner toutes ces belles langues, & c'elle là
                                                            entr'-

entr'autres que vous appellez fainte, à faire des Satyres & des inuectiues; Car cela n'eft pas Chreftien,& beaucoup moinsce que
vous voulez pareftre. En tout cas faites le fi adrettement qu'en
publiant les defauts d'autruy, vous ne donniez à connoiftre les
voftres. F. *Claude* mon Amy ie parle hardiment. Encore que
deuant Dieu ie ne fois innocent, fi eft pour-tant que de là part
des hommes ie ne crains-rien de tout ce que vous m'imputez,&
fur tout du cofté du Blafon des Cogliones.

Mais que voulez vous que ie penfe d'vn homme de vint-huit
ans qui me preffe de luy enuoyer ie ne fçay quelle *Ieanne la
Iolie* auec des termes qui fentent plus le Bordel qu'vne Academie
chreftienne & Religieufe? Vous m'accufez d'iurognerie par ce
mefme billet. Mais vous F. *Claude* eftiez vous fobre quant
vous mefcriuiez cecy, que fi vous l'auez fait à ieun, & de fens
raffis, que peuft on efperer de la vie, & des meurs de ceux qui
font de telles efquippées? Tout de bon *Monfieur Meneftrier*,
auriez vous pris ces leçons du Pere *Tambourin*? Si i'eftois Ora-
teur ie m'efcrirois icy. O Ignace! O Xauier! Seraifie fi mal heureux d'eftre accufé d'impureté par des Effeminez, d'Auarice par
des Clercs Marchands, d'yurognerie par des perfonnes à qui
l'on pourroit attribuer iuftement ce mot du Prophete, *Fel Dra-
conum vinum eorum, & venenum afpidum infanabile.* Le Lecteur iugera fi cecy eft dit par exageration voy-cy l'efchantil-
lon d'vne feconde lettre,par laquelle vous me menaces de m'en-
yurer de ce fiel envenimé, vn temps auquel l'Eglife folennife
l'ecoulement de ce Miel Celefte qui à deftrempé toutes nos
amertumes.

Monfieur.

Vous combattez vne vmbre vous chantez victoire de la
defaite d'vn *Fantome.* Qu'eft deuenuë voftreBrauour, eft ce
ainfi que vous parlez à fa R. que ne m'enuoyez vous *Cette
Ieanne la Iolie que vous ne proftituez qu'à vos Amis. Plus bas.*
Receuez ce coup d'eftocade que ie vous porte. Ce font des
Epigrames qui ne m'ont coufté qu'vn qnart d'heurebien loin
d'eftre fix mois a refpondre. Voyons donc ces Epigrames.

G g

Infame Auteur qui dans ton Liure,
As fait representer en cuiure :
Les sales monuments de ta lubricité. &c.

Toute la Republique de Venise est coupable de ce mesme crime, ayant autorisé l'Estampe, & la publication de ce que vous condannez par vn Priuilege de vint ans; Apres auoir combattu prés-qu'au-tant d'Années soubs cette Enseigne qui se trouueroit encore dans l'Eglise de Saint Marc où dans celle de Nostre Dame de Bergame où le grand B. Coglione est enseuely si le temps qui ruine tout ne l'auoit consumée. Nos Princes de la maison d'Anjou, & de Bourgogne sont des Impurs qui ont recherché l'Alliance du mesme Coglione, qui l'ont adopté, & receu dans leurs familles, qui ont souffert que les Lys Simboles de pureté, ayent esté profanes & contaminez par le meslange de ce Blason des-honneste. Au iugement de qui ? de F. C. Meneftrier, qui me prie de luy enuoyer Ianne la Iolie, & qui se vante d'aller dans les *Cercles* me rendre le change de mes railleries.

Maistre Meneftrier, mon Amy, ie vous ay déja dit, que ie ne sçay qu'elle est cette Ieanne la Iolie, mais si i'auois le bien de la gouuerner, ie me garderois bien de vous la confier, vous la perdriez de l'humeur que vous estes, & vous auec elle. Vous auez beau dire, que vous estes ce que l'on sçait assez; que vous estudiez en Theologie ; que vous auez crié, pesté, & declamé contre l'abomination. Tout cela ne m'asseure pas, ny vous non plus. I'ay leu le Liure de ce venerable Vieillard de vostre Compagnie, *De sobria alterius sexus frequentatione,* & ie sçay le danger qu'il y a d'approcher le feu des estouppes, voyla pourquoy ie vous conseille de vous abstenir de la conuersation de cette Iolie. Que si toutesfois vous en estes si fort coiffé, que vous ne puissiez vous en passer, preparez vous à cette conference, côme le chaste *Combabus,* au voyage qu'il auoit à faire auec la Reyne Stratonice vers

la

la Deeſſe Syrienne, ſinon ie parie voſtre perte, ſi vous n'eſtes déja perdu.

Ie ne mets point icy le reſte de cet Epigramme, ny les ſuiuans, qui ſont auſſi badins, comme cettuy-cy eſt effronté ! Aduoüez-les F. C. & ie tâcheray d'y reſpondre cathegoriquement. Sçachez cependant que tout ce que vous auancez de ce Threſor de calomnies me touche fort peu ✝ γὰρ τιώτων κιζει μιαι ὅτι λέγχει ✝ ἀμαρτημάτων τ̄ ἀληθίαι. Et vous monſtrez bien que vous ne ſçauriez trouuer à mordre ſur moy, puis qu'apres trente ans de vie paſſez à la veüe de toute vne grande Cité, vous vous en prenez aux cendres des morts, dont vous deſchirez la reputation pour déſtruire la mienne F. C. vous vous empreſſez ce ſemble pour ſçauoir mon Origine, vous la pouuiez apprendre ſans beaucoup de peine. Elle eſt aſſez mediocre, & neantmoins la Prouidence a permis qu'elle ait eſté inſerée parmy les trophées funebres de tout ce qu'il y a de grand & d'illuſtre dans noſtre France. Que ſi l'Auteur que vous citez quelques-fois, vous ſemble ſuſpect en cette occaſion, conſultez cent perſonnes d'honneur de tous les Ordres de voſtre Ville ſans exception, & ie ſuis certain, que vous n'aprendrez rien, qui ne vous donne plus d'enuie, que tout ce que i'ay veu de vous iuſques à preſent ne me ſçauroit faire de pitié.

F. I. N.